山东省自然科学基金青年基金项目(ZR2021QE237)

碳达峰碳中和背景下
二氧化碳合成甲醇研究

董晓素　马树新　赵　宁　李　枫　著

U0242383

东南大学出版社
SOUTHEAST UNIVERSITY PRESS
·南京·

图书在版编目(CIP)数据

碳达峰碳中和背景下二氧化碳合成甲醇研究 / 董晓素等著. —南京：东南大学出版社，2023.12
ISBN 978-7-5766-1067-3

Ⅰ. ①碳… Ⅱ. ①董… Ⅲ. ①二氧化碳-合成-甲醇-研究 Ⅳ. ①O623.411

中国国家版本馆 CIP 数据核字(2023)第 246701 号

责任编辑：贺玮玮　　责任校对：韩小亮　　封面设计：毕真　　责任印制：周荣虎

碳达峰碳中和背景下二氧化碳合成甲醇研究
Tandafeng Tanzhonghe Beijing Xia Eryanghuatan Hecheng Jiachun Yanjiu

著　　者：董晓素　马树新　赵　宁　李　枫
出版发行：东南大学出版社
出 版 人：白云飞
社　　址：南京四牌楼 2 号　邮编：210096
网　　址：http://www.seupress.com
经　　销：全国各地新华书店
印　　刷：江苏凤凰数码印务有限公司
开　　本：787 mm×1 092 mm　1/16
印　　张：7
字　　数：120 千字
版　　次：2023 年 12 月第 1 版
印　　次：2023 年 12 月第 1 次印刷
书　　号：ISBN 978-7-5766-1067-3
定　　价：35.00 元

本社图书若有印装质量问题，请直接与营销部联系。电话(传真)：025-83791830。

前 言

PREFACE

由大气中 CO_2 浓度增加引起的温室效应正日益威胁着人类的生存与发展，能源匮乏也成为社会发展面临的巨大挑战，有关 CO_2 捕获和利用的技术逐渐受到人们的重视。将 CO_2 转化为化学品和燃料是有望解决气候变化与能源危机两大难题的有效途径，作为重要化工原料和清洁燃料的甲醇成为首选产物。因此 CO_2 加氢合成甲醇反应已然成为全球瞩目的研究课题，新型高效催化剂的开发也成为国内外研究者的研究重点。

在 CO_2 加氢反应中，通常是将焙烧后的金属氧化物在 H_2 氛围下还原得到 Cu 基催化剂。然而，传统的气相还原过程需在高温（473～623 K）下进行，且伴有强烈的放热效应，会引起表面铜颗粒的长大并加速其聚集烧结，从而影响催化性能。以 $NaBH_4$ 为还原剂的液相还原法制备金属催化剂逐渐受到人们的重视。与传统气相还原法相比，液相还原法操作简单、快捷且条件可控，还原反应温度低，有效抑制了铜颗粒的长大，可制得高铜分散度的小颗粒 Cu 基催化剂。本书采用液相还原法制备铜基催化剂用于 CO_2 加氢合成甲醇反应，系统考察了液相还原与气相还原的异同，液相还原体系中还原剂用量、焙烧温度、热处理顺序等因素对催化剂结构和催化活性的影响，并将液相还原法应用于 La_2CuO_4 型类钙钛矿结构铜基催化剂的 CO_2 加氢合成甲醇反应。具体研究内容包括以下几个方面：

（1）采用液相还原法制备了 $Cu/ZnO/ZrO_2$ 催化剂用于 CO_2 加氢制甲醇反应，与传统气相还原的共沉淀法制备的催化剂相比，液相还原法制备的催化剂具有更小的金属铜颗粒、更低的还原温度、更多的碱性位数量。此外，催化剂出现了元素分离现象，$NaBH_4$ 对铜的还原作用削弱了 Cu 元素与其他组分的相互作用力，脱离束缚的 ZnO 由无定形态转化为晶型良好的棒状颗粒。液相还原法所得催化剂不需要 H_2

还原可直接进行反应,比共沉淀法制备的催化剂表现出更高的 CO_2 加氢活性,尤其是甲醇选择性有明显提高。液相还原法制备的催化剂 CO_2 转化率与金属铜比表面积的大小相关,甲醇选择性随着碱性位数量的增加而增加,与 CO_2 加氢制甲醇反应的"双活性位"机制吻合。此外,本书还考察了 $NaBH_4$ 用量对催化剂物化性质和催化活性的影响。研究发现随着 B/Cu 比值的增加,CO_2 转化率和甲醇选择性先增后减,CZZ-5 具有最高的催化活性,B/Cu=5 为最佳的还原剂用量。

(2) 本书考察了焙烧温度对液相还原法制备的 Cu/Zn/Al/Zr 催化剂结构性质和催化性能的影响。液相还原法制备的催化剂包含 Cu^{2+}、Cu^+、Cu^0 三种铜价态,其中 Cu^+ 是催化剂表面铜物种的最主要存在形式。随着焙烧温度的升高,催化剂的比表面积减小,碱性位数量均减少,起始还原温度降低,金属铜颗粒的尺寸逐渐增大。焙烧温度的变化引起了 Cu 组分与其他元素相互作用的变化,影响了表面铜物种的分布,进而导致催化剂表面 Cu^+/Cu^0 的比值差异;合适的焙烧温度可获得高的 Cu^+/Cu^0 比值,利于产物甲醇的生成。随着焙烧温度的升高,CO_2 转化率和甲醇选择性均呈现"火山型"变化趋势,CZAZ-573 催化剂具有最高的 CO_2 加氢制甲醇活性。高的金属铜比表面积利于 CO_2 的加氢转化,因此高金属铜比表面积的催化剂上具有高的 CO_2 转化率。

(3) 采用液相还原法制备了 Cu/Zn/Al/Zr 催化剂,考察焙烧与液相还原的顺序对催化剂结构性质和 CO_2 加氢催化活性的影响。研究发现,先液相还原再焙烧的催化剂,其液相还原过程中的元素迁移现象导致各组分间相互作用力较弱,焙烧作用对象为金属/金属氧化物,颗粒的长大与聚集现象较为显著。先焙烧后液相还原的催化剂,焙烧作用对象变为 Cu^{2+},抗烧结能力强于还原态铜物种。而且,焙烧强化了组分间作用力,后续的液相还原过程难以破坏这种强相互作用力,各组分均匀分布。该类催化剂具有更高的 Cu 分散度、更低的还原温度、更大的金属 Cu 比表面积,CO_2 转化率和甲醇选择性均有提高。

液相还原制备的催化剂由于 $NaBH_4$ 对羟基碳酸盐前驱体的分解作用较彻底,干燥后的材料具有稳定的催化剂组成。将未焙烧催化剂直接用于 CO_2 加氢合成甲醇反应。研究发现,未焙烧的催化剂比焙烧后(温度 573 K)的催化剂具有更高的 CO_2 转化率和甲醇选择性,且在 1 000 h 长周期测试中保持了稳定的甲醇时空收率,归因于未焙烧的催化剂具有更高的 Cu 比表面积、更低的还原温度、更多的碱性位数量。

（4）本书将液相还原法应用于 La_2CuO_4 型类钙钛矿结构铜基催化剂的 CO_2 加氢合成甲醇反应。共沉淀法制备的 La_2CuO_4 型类钙钛矿催化剂（LCZ）经纯氢 623 K 条件下还原后用于 CO_2 加氢反应，$NaBH_4$ 还原后的 La_2CuO_4 型类钙钛矿材料（l-LCZ）直接用于反应评价。研究发现，液相还原后的催化剂颗粒变小，表面粗糙度增加，比表面积约是原来的 5 倍。l-LCZ 催化剂暴露的金属铜比表面积增加，碱性位数量也增加，还原温度降低。液相还原处理后的 l-LCZ 催化剂在相同反应条件下 CO_2 转化率提高了 61.1％，甲醇选择性提高了 21.4％。根据 CO_2 加氢合成甲醇的"双活性位"机制，l-LCZ 催化剂活性的提高归因于高的金属铜比表面积和更多的碱性位数量。

目 录

Contents

第2章　实验研究方法及装置　

第3章　还原方式及还原剂用量对Cu/Zn/Zr催化剂结构和性能的影响

第 1 章　绪　　论

1.1　CO₂ 的现状

随着化石燃料的广泛应用,温室效应已然成为全球话题。由温室效应引发的全球变暖、海平面上升、气候反常、地球上病虫害增加及土地沙漠化等问题日益严重,对人类生存和社会发展造成了极大的危害。能源、环境和经济发展之间的矛盾正日益引起世界范围内的关注。《联合国气候变化框架公约》(UNFCCC)所公布的温室气体主要有六种,即二氧化碳(CO_2)、甲烷(CH_4)、氧化亚氮(N_2O)、全氟化碳(PFC_s)、氢氟烃(英文简称为 HFCs)以及六氟化硫(SF_6)。联合国政府间气候变化专门委员会(IPCC)在 2007 年发布的第四次评估报告中指出,由于人类活动导致的温室气体排放在 1970 年到 2007 年间增长了 70%,其中二氧化碳是最重要的人为温室气体[1-2]。温室气体的持续排放将会引起气候的进一步变暖,并对人类和生态系统产生普遍的、不可逆转的影响。

二氧化碳排放量的增长与全球经济快速发展、碳强度增长有关,这在发展中国家尤为明显。当前,减少 CO_2 的过度排放已经成为各国可持续发展的重大战略性问题。我国的能源存储具有"多煤、少油、贫气"的特点,能源消费过度依赖煤炭资源。从中国国家统计局(NBSC)2011 年发布的数据来看,由于经济的高速发展,近年来,中国能源需求不断增加,在 1978 年到 2009 年期间,化石燃料占据总能源的 90% 以上,由燃煤释放的 CO_2 量已经超过全国各类排放源总量的 70%[3]。以煤为主的能源结构决定了中国在未来很长一段时间内可能存在 CO_2 排放总量的继续增长。2020 年 9 月 22 日,中国政府在第七十五届联合国大会上提出:"中国将提高国家自主贡献力度,采取更加有力的政策和措施,二氧化碳排放力争于 2030 年前达到峰值,努力争取 2060 年前实现碳中和。"碳达峰即是以二氧化碳为衡量标准的温室气体达到历史最高值,而后开始陆续下降。碳中和是指国家、企业、产品、活动或个人在一定时间内直接或间接产生的二氧化碳或温室气体排放总量,通过植树造林,节能减排等形式,以抵消自身产生的二氧化碳或温室气体排放量,实现正负抵消,达到相对"零排放"。实现碳达峰碳中和是贯彻新发展理念、构建新发展格局、推动高质量发展的内在要求,是一场广泛而深刻的经济社会系统性变革,具有重大的现实意义和深远的历史意义。

随着工业化、城镇化进一步推进,我国能源资源需求还将刚性增长,目前我国能源资源利用效率与国际先进水平相比还存在差距,石油、天然气和部分矿产资源对外依存度不断攀升,能源资源安全保障面临的压力持续加大,生产生活方式绿色低碳转型存在诸多困难挑战。如果继续沿用粗放的生产生活方式,资源能源无法支撑、生态环境也难以承受。必须以推进"双碳"工作为抓手,加快建设绿色低碳循环发展经济体系,提高能源资源利用效率,增强能源资源供应的稳定性、安全性、可持续性,推动形成绿色生产生活方式,从源头破解资源环境约束突出问题,实现经济社会可持续发展[4]。近年来,我国积极参与国际社会碳减排,主动顺应全球绿色低碳发展潮流,积极布局碳中和,已具备实现碳中和条件。地球是人类赖以生存的家园,良好的生态环境是人类永续发展的根基。当前,气候变化已成为全球共同关切,绿色低碳发展成为广泛共识,各国都采取行动积极应对气候变化。作为世界上最大的发展中国家,近年来我国在大力推进自身碳减排的同时,积极参与多双边对话合作,已成为全球应对气候变化的重要参与者、贡献者、引领者。顺应全球绿色低碳发展大势,必须以推进"双碳"工作为契机,以更加积极姿态参与和引领全球气候治理,强化绿色低碳领域多双边交流沟通和务实合作,展现负责任大国的担当,构筑国际竞争新优势,推动共建清洁美丽世界[5]。

2021年2月,国务院发布《国务院关于加快建立健全绿色低碳循环发展经济体系的指导意见》,意见指出:"深入贯彻党的十九大和十九届二中、三中、四中、五中全会精神,全面贯彻习近平生态文明思想,认真落实党中央、国务院决策部署,坚定不移贯彻新发展理念,全方位全过程推行绿色规划、绿色设计、绿色投资、绿色建设、绿色生产、绿色流通、绿色生活、绿色消费,使发展建立在高效利用资源、严格保护生态环境、有效控制温室气体排放的基础上,统筹推进高质量发展和高水平保护,建立健全绿色低碳循环发展的经济体系,确保实现碳达峰、碳中和目标,推动我国绿色发展迈上新台阶。"2022年10月,党的二十大报告指出:"积极稳妥推进碳达峰碳中和。实现碳达峰碳中和是一场广泛而深刻的经济社会系统性变革。立足我国能源资源禀赋,坚持先立后破,有计划分步骤实施碳达峰行动。完善能源消耗总量和强度调控,重点控制化石能源消费,逐步转向碳排放总量和强度'双控'制度。推动能源清洁低碳高效利用,推进工业、建筑、交通等领域清洁低碳转型。深入推进能源革命,加强煤炭清洁高效利用,加大油气资源勘探开发和增储上产力度,加快规划建设新型能源体系,统筹水电开发和生态保护,积极安全有序发展核电,加强能源产供储销体系建设,确保能源安全。完善碳排放统计核算制度,健全碳排放权市场交易制度。提升生态系统碳汇能力。积极参与应对气候变化全球治理。"

1.2　CO_2 的捕集、利用和封存技术

碳捕集、利用与封存技术(Carbon Capture,Utilization and Storage,CCUS)是指从电厂或其他工业排放源中将 CO_2 捕获分离出来,经富集、压缩后通过管道运输到特定地点进行利用或封存,实现被捕集 CO_2 与大气长期隔离[6-7],如图 1-1 所示。CCUS作为一项能实现化石燃料大规模低碳利用的技术,在提高能源利用效率,发展新型能源、可再生能源,提高碳汇等方面具有重要应用,此外,它也是减少 CO_2 排放的重要技术选择[8]。目前 CCUS 技术大多仍处于研发和示范阶段,能耗和成本过高,长期封存的安全性和可靠性有待验证等问题是制约其进一步发展的重要因素[9]。

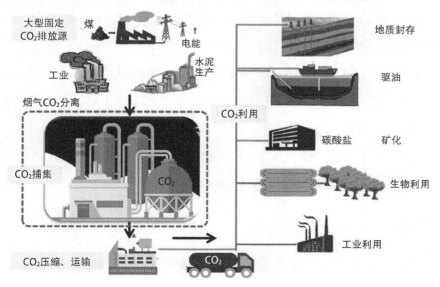

图 1-1　CCUS 技术示意图

CO_2 捕集技术是指将高浓度的 CO_2 从 CO_2 排放源中分离出来,主要包括富氧燃烧捕获、燃烧前捕获、燃烧后捕获等技术[10-11]。

CO_2 利用主要是在 CO_2 驱油、驱替煤层气,CO_2 合成燃料或化学品及生物转化等方面的技术研究[12-13]。

CO_2 封存技术主要包括地质封存和海洋封存,是指将捕获的 CO_2 注入枯竭或开采到后期的油气田、不可开采的贫瘠煤层、深层含盐水层或海洋中[14-15]。

CO_2 是工业活动的必然产物,将高能耗、高成本捕获的 CO_2 大量用于封存,不但存在 CO_2 泄漏的隐患,还可能会影响当地生态系统、污染地下水,在经济效益上属于纯耗费的行为,不符合绿色可持续发展的战略。将 CO_2 转化为有价值的化学品,实现资源化利用,不仅可以缓解 CO_2 过度排放引发的环境问题,还能部分减缓当前能源匮乏的压力,实现经济效益和环境效益的双赢。

1.3 甲醇经济

1.3.1 CO₂

CO_2,常温下为无色无味、不助燃、不可燃气体,略溶于水。一个二氧化碳分子由两个氧原子和一个碳原子以共价键形式构成,为直线形非极性分子。碳原子以 sp 杂化轨道与氧原子成键,生成两个 σ 键。CO_2 分子中 C═O 键长为 116 pm,长度介于碳氧双键(CH_3CHO 中 C═O 键长为 124 pm)与碳氧三键(CO 分子中 C≡O 键长为 112.8 pm)之间,说明 CO_2 分子中的 C═O 双键在一定程度上已具有三键特性,因此 CO_2 分子具有很高的化学稳定性[16-17]。

CO_2 具有两个不同的活性位点:亲电的碳原子、亲核的氧原子。开键还原和不变价化合是 CO_2 化学转化的两条基本路径[18-19]。

1.3.2 甲醇

甲醇,常温常压下为无色透明、可燃、略带酒精味道的易挥发水溶性液体,化学式为 CH_3OH,是结构最简单的饱和一元醇。CH_3OH 分子中碳、氧原子均为 sp^3 杂化,它们相互重叠形成 C—O 键;氢原子的 1 s 轨道与氧原子中的一个 sp^3 杂化轨道相互重叠形成 O—H 键;氧原子的另外两个 sp^3 杂化轨道则由其两对未共用电子对分别占据。

甲醇是非常重要的化工基础原料,也是多种化学品的中间体,如图 1-2 所示。全球近 50% 的甲醇用于生产甲醛(29.46%)、甲基叔丁基醚(MTBE,11.12%)和醋酸(9.42%)。甲醇同时也是生产二甲醚、甲胺、氯甲烷以及甲基丙烯酸甲酯(MMA)等化学品的原料。甲醇亦可以作为生产烯烃技术(MTO)、生产汽油技术(MTG)的重要原料。随着石油和天然气储量不断减少,通过 MTO 和 MTG 获得合成烃类将占据越来越重要的地位,最终有可能取代基于石油和天然气的资源。

甲醇燃料是将工业甲醇或燃料甲醇与现有的国标汽、柴油(或组分油)按一定比例制成的新型清洁液体燃料。甲醇燃料有沸点低、含氧量高、辛烷值高等特点,具备良好的冷却作用,燃烧产物污染小,是公认的清洁燃料,具有很强的经济竞争力[20]。甲醇燃料可补充和部分代替汽、柴油燃料,用于各种机动车、锅灶炉等。发展甲醇燃料是缓解我国能源紧张局面,保护生态环境,提高资源利用效率的一条有效途径。

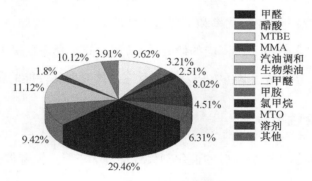

彩图链接

图 1-2　世界对甲醇的需求

1.3.3　甲醇经济

基于当前的能源与环境现状,著名的诺贝尔化学奖得主、有机化学家乔治·A. 奥拉提出了"甲醇经济"的概念,其主要内容包含以下四个方面[21]:

(1) 通过氧化转变以现存的天然气资源来合成甲醇(和/或二甲醚),替代先转化成合成气的路径;

(2) 利用工业废气中 CO_2 的氢化再循环合成甲醇,最终是以空气为无穷无尽碳源;

（3）甲醇、二甲醚，作为方便的交通燃料，应用于内燃机、新一代燃料电池，包括甲醇燃料电池等；

（4）以甲醇为原料生产乙烯和（或）丙烯，为合成碳氢化合物及其产物提供基础。

"甲醇经济"具有显著的优点和充分可行性，甲醇可以作为便利的能量储备媒介，是方便运输、分配的燃料，用于合成碳氢化合物及其产品的原料。"甲醇经济"以简单易处理的液体甲醇形式实现了安全、方便、可逆的能量储存和运送[21]。同时，"甲醇经济"通过大气中过多 CO_2 的化学再循环，可减轻全球气候变暖，利用、存储各种可供选择的能源（如可再生能源、原子能），使人类不再依赖于逐渐减少的石油和天然气资源。

1.4 二氧化碳加氢合成甲醇

热力学[$CO_2(g)+3H_2(g)\Longrightarrow CH_3OH(l)+H_2O(l)$ $\Delta H=-49.5$ kJ·mol^{-1}]上的不利因素及二氧化碳的化学惰性（C=O 键能 803 kJ/mol），使得 CO_2 难以被活化转化，催化剂普遍存在 CO_2 转化率和甲醇选择性双低的现象，因此，开发研制新型高效的催化剂是 CO_2 加氢合成甲醇反应的研究重心，当前的研究多数集中在催化剂组分优化、探究反应机制、寻求新型制备方法及考察反应条件对催化性能的影响等几个方面。

1.4.1 催化剂活性组分

目前用于 CO_2 加氢合成甲醇的催化剂大致可分为三类：铜基催化剂、贵金属催化剂和其他金属催化剂。

1）铜基催化剂

目前，以铜为活性组分的催化剂是 CO_2 加氢制甲醇应用最为广泛的催化剂，其中以 $Cu/ZnO/Al_2O_3$、$Cu/ZnO/ZrO_2$ 催化剂最为常见。铜元素在 CO_2 加氢合成甲醇过程中占据重要活性地位，有"甲醇铜"（methanol copper）之称[22]。在用于 CO_2 加氢制甲醇反应的 Cu 基催化剂中，活性组分 Cu 通常是以纳米粒子的形式分散于载体上。催化剂的制备方法、载体、前驱体的结构和材料的形貌等都会对 Cu 基催化剂的结构和催化性能产生影响，现选取代表性案例说明。

共沉淀法制备的 $Cu/ZnO/Al_2O_3$ 催化剂用于 $H_2/CO_2/CO$ 低温合成甲醇在工业

上具有非常重要的意义。Baltes 等在 49-通道并列反应器中系统考察了共沉淀法制备 $Cu/ZnO/Al_2O_3$ 催化剂过程中各项参数的影响,建立了合成参数、催化剂结构、催化活性三者之间的关系。研究发现催化剂沉淀 pH 为 6～8,343 K 老化 20～60 min,焙烧温度为 573 K 的条件下,催化剂活性最佳;这是因为在上述条件下形成了含羟基碳酸盐残留相的材料,延缓了还原过程中催化剂结构的坍塌,有利于生成小尺寸的纳米 Cu^0 颗粒[23]。Guo 等采用燃烧法制备了系列 $Cu/ZnO/ZrO_2$ 催化剂用于 CO_2/H_2 合成甲醇反应,并考察了燃料用量、种类及引燃方式等条件对催化剂性能的影响,建立了催化剂组成—结构—性能的构效关系[24-27]。以甘氨酸为例,燃料计量比为 50% 的 50-CZZ 催化剂具有最高的甲醇收率,在 $T=493$ K、$p=3.0$ MPa、$GHSV$①$=3\ 600\ h^{-1}$ 条件下 CO_2 转化率为 12.0%,甲醇选择性高达 71.1%[24]。Wang 等采用蒸氨法制备了以页硅酸铜为前驱体的 Cu/SiO_2 催化剂用于 CO_2 加氢反应,得到的催化剂是具有高度分散的小颗粒铜物种;CO_2 转化率(593 K、3.0 MPa)比浸渍法制备的 Cu/SiO_2 催化剂提高了约 4.7 倍,催化剂的稳定性也得到了极大的提高[28]。

除了在制备方法上的改进与优化,研究者还试图将铜组分引入具有特定功能和结构的骨架材料中。Gao 等利用水滑石材料的阴阳离子易调变、金属组分分布均匀、碱性强等优点合成了系列以水滑石为前驱体的铜基催化剂用于该反应的研究,$Cu/Zn/Al/Zr$ 催化剂在 523 K、5.0 MPa 条件下 CO_2 转化率为 22.5%,甲醇选择性为 47.4%。同时对前驱体结构、催化剂物化性质以及催化活性三者之间的关系进行了阐述,表明甲醇选择性与碱性位分布之间存在密切关系[29-33]。Zhan 等合成了 Cu 基钙钛矿型复合金属氧化物用于 CO_2 加氢反应,$La/Mg/Cu/Zn$ 催化剂在 523 K、5.0 MPa 条件下甲醇选择性高达 65.2%,充分体现了钙钛矿材料结构稳定性好、活性组分分散度高的优势[34]。

此外,研究者还对催化剂形貌进行了详细研究。Yang 等将纳米 Cu 颗粒分散于介孔的 SiO_2 材料上形成 $CuO@m\text{-}SiO_2$ 核壳结构,由于这种结构的限域作用,外壳在一定条件下可阻止金属纳米颗粒的聚集与烧结,实现了反应过程中活性组分的高度分散[35]。$CuO@m\text{-}SiO_2$ 催化剂在 $T=523$ K、$p=5.0$ MPa、$WHSV$②$=$

---

① $GHSV$ 为体积空速,即单位时间内通过单位体积催化剂床层的气体量,单位为 h^{-1}。

② $WHSV$,即单位时间内通过单位质量催化剂床层的气体量,单位一般为 $mL \cdot gcat^{-1} \cdot h^{-1}$。

$6\,000\;\text{mL}\cdot\text{gcat}^{-1}\cdot\text{h}^{-1}$ 条件下,甲醇时空收率高达 $136.6\;\text{g}\cdot\text{kgcat}^{-1}\cdot\text{h}^{-1}$,而同等条件下浸渍法制备的 Cu/m-SiO$_2$ 催化剂甲醇时空收率只有 $9.8\;\text{g}\cdot\text{kgcat}^{-1}\cdot\text{h}^{-1}$。

载体晶相的不同会影响其与活性组分 Cu 的相互作用,进而影响到 Cu 物种的分散度、还原能力以及载体的碱性位分布等。Witoon 等采用浸渍法将铜组分分别负载于无定型(a-)、四方型(t-)、单斜型(m-)的 ZrO$_2$ 相上,其 CO$_2$ 加氢制甲醇的活性如下:Cu/a-ZrO$_2$>Cu/t-ZrO$_2$>Cu/m-ZrO$_2$。与 ZnO 相的其他晶面相比,极性的(002)晶面与铜之间存在更强的相互作用力,这对甲醇的选择性是非常有利的。[36] Liao 等合成了不同形貌的 ZnO 相,其中片状 ZnO(plate)表面暴露的多为极性的(002)晶面,而棒状 ZnO(rod)表面以非极性的(110)和(101)晶面居多,在 543 K、4.5 MPa 时,Cu/plate ZnO/Al$_2$O$_3$ 催化剂的甲醇选择性比 Cu/rod ZnO/Al$_2$O$_3$ 催化剂高 30.4%[37]。

众多研究者指出铜基催化剂上 CO$_2$ 转化率随着金属 Cu 比表面积的增加而增加,因此,活性组分 Cu 的高度分散对于反应物的吸附及活化是至关重要的。研究者试图将铜组分负载于孔隙发达的高比表面积材料上,如分子筛、金属有机骨架材料(MOFs)、炭材料等。An 等将铜锌组分负载于高比表面积($3\,037\;\text{m}^2/\text{g}$)的 UiO-bpy 金属有机骨架材料,实现了活性组分的高度分散,MOFs 与金属间的强相互作用力限制了还原反应、催化反应过程中铜组分的聚集和迁移,而且 Cu 与 ZnO$_x$ 之间的高度混合使得 Zn 发生部分还原,极大地促进了 CO$_2$ 加氢合成甲醇反应的进行。CuZn@UiO-bpy 催化剂在 523 K 下甲醇的选择性高达 100%,比同等条件下的工业催化剂(Cu/ZnO/Al$_2$O$_3$)高 45.2%,且催化剂在 100 h 周期评价中表现出良好的稳定性[38]。李志雄等采用浸渍法合成了具有高比表面积的 Cu-Zn-Zr/SBA-15 催化剂,实验结果表明催化剂具有介孔结构,活性组分能够很好地分散在表面,CZZ0.4/SBA-15 催化剂表现出最大甲醇选择性(54.32%),与未负载 CZZ 催化剂相比,甲醇选择性增加了 24.85%[39]。Deerattrakul 等将铜锌组分浸渍在还原的氧化石墨烯材料(rGO)上用于 CO$_2$ 加氢合成甲醇反应,催化剂表现出良好的加氢活性[40]。

2)贵金属催化剂

Pd、Rh、Au、Ag 等贵金属元素也可以作为 CO$_2$ 加氢合成甲醇反应的活性组分。

Solymosi 等采用浸渍法将活性组分 Pd 负载于 SiO$_2$、MgO、TiO$_2$、Al$_2$O$_3$ 等载体上用于 CO$_2$/H$_2$ 合成甲醇反应,并研究了 CO$_2$ 的吸附以及与 H$_2$ 的相互作用;发现 Pd 的分散度会影响产物的分布,低分散度时生成甲醇,并伴有逆水煤气变换反应,而高的 Pd 分散度利于产物甲烷的生成[41]。Song 等将 Pd 负载于高比表面积的多孔材料 MCM-41、SBA-15、SiO_2 上,发现 Pd/MCM-41 催化剂具有最高的甲醇收率,这是由于 MCM-41 分子筛中规则的孔道结构和合适的孔尺寸使得金属 Pd 得到高度分散并形成小的金属纳米颗粒,从而促进 H_2 的活化和 CO_2 的进一步加氢。Song 等还引入了 K、La、Ga、Ca 等元素改善催化剂表面的酸碱性,甲醇收率的变化顺序如下:PdCa/MCM-41>PdLa/MCM-41>Pd/MCM-41>PdK/MCM-41>PdGa/MCM-41。[42]CaO 表面的碱强度适中,可吸附活化 CO_2,增加了中间物种甲酸盐的表面浓度,利于甲醇的生成;La_2O_3 作为两性化合物,其碱性位可活化 CO_2 生成甲酸盐,其酸性位可活化甲酸盐生成甲醇;K_2O 表面具有强碱性位,生成的甲酸盐中间物种稳定性强,易分解生成 CO;Ga_2O_3 表面的路易斯酸性位利于产物 CH_4 的生成。Díez-Ramírez 等将 PdZn 负载于不同形貌的碳纤维材料(薄片式 Platelet,鱼骨式 Fishbone)上,由于金属与载体相互作用以及石墨烯层取向的差异,$PdZn_{0.13}$/Platelet 催化剂比 $PdZn_{0.13}$/Fishbone 催化剂具有更高的甲醇收率[43]。Liang 等将 Pd-ZnO 组分负载于多壁碳纳米管材料(MWCNTs)上,代替传统的活性炭和 γ-Al_2O_3 载体,发现其 CO_2 加氢合成甲醇的活性显著提高,这是由于 MWCNTs 的引入增加了生成甲醇所需活性物种 Pd^0 的表面浓度[44]。Słoczyński 等合成了 M/($3ZnO$-ZrO_2)催化剂(M=Cu、Ag、Au)用于 CO_2 加氢合成甲醇反应,其 CO_2 转化率顺序为:Cu≫Au≈Ag;甲醇选择性顺序为:Au>Ag>Cu[45]。Grabowski 等采用共沉淀法制备 Ag/ZrO_2 和 Ag/ZrO_2/ZnO 催化剂用于 CO_2/H_2 合成甲醇反应,研究结果表明在 Ag 基催化剂中,甲醇在 Ag^+ 位点表面生成,t-ZrO_2 相中氧空位的作用是稳定 Ag^+ 位点,ZnO 并不参与该反应过程[46]。Kusama 等发现 Rh/SiO_2 催化剂在 CO_2 加氢反应中表现出较好的催化活性,但产物主要为甲烷[47]。Bando 等通过离子交换法将 Rh 引入 Y 型分子筛制得 RhY 催化剂,代替传统浸渍法制备的 Rh/SiO_2 催化剂,产物甲烷的转化频率(TOF)值提高近 10 倍,423 K 时在 RhY 催化剂上发现产物甲醇的生成[48]。

贵金属催化剂因为优异的加氢性能而被广泛应用于涉及 H_2 还原的反应中,但其高昂的价格和较差的热稳定制约了其在工业上的应用。而且,负载型催化剂制备过程烦琐、重复性差,不利于大规模生产。因此开发更为廉价且高效的催化剂既是 CO_2 加氢合成甲醇工业化的要求,也是研究者的最终目标。

3）其他金属催化剂

除了铜基催化剂与贵金属催化剂,也有以其他元素为活性组分的相关报道。Calafat 等以钴钼酸为催化剂用于 CO_2 加氢合成醇类的反应,研究发现四配位的 Mo^{6+} 利于醇类选择性的提高,K_2CO_3 的引入显著增加了甲醇的选择性[49]。

1.4.2　催化剂载体

ZnO 是具有纤维锌矿结构的 N 型半导体,在 ZnO 的晶体结构中存在晶格氧空位,它被认为是甲醇合成反应中的一种重要活性位[50]。$Zn^{2+}-2e^-$ 离子对之间的移动,产生了阳离子和阴离子晶格空位,可吸附和活化反应物分子。氧化锌是一种储氢化合物,广泛应用于加氢催化反应,H_2 经 ZnO 异裂活化后产生 ZnH 和 OH。在合成甲醇的铜基催化体系中,ZnO 是最常用的载体,有关 Cu-ZnO 的协同作用目前主要有三个观点[51]:①（表面）形貌效应[52-53];②通过形成 Cu/Zn 合金,或者 Cu 与 ZnO 或其氧空位相互作用产生新的活性位[54-56];③ZnO 颗粒作为一个原子氢储存器[57-59]。Liao 等[37] 报道在 CO_2 加氢合成甲醇反应中,ZnO 的形貌会影响其与活性组分 Cu 之间的相互作用,片状形貌的 ZnO 更容易暴露极性的（002）晶面,与铜组分形成强的作用力,获得高的甲醇选择性。Kuld 等通过 XPS、H_2-TPD、N_2O-RFC、H_2-TA 等表征手段证实了 $Cu/ZnO/Al_2O_3$ 催化剂中 Cu-Zn 合金的存在,在还原过程中金属 Zn 原子到达 Cu 颗粒表面,实验结果表明 Cu-Zn 合金对催化剂活性的提高有重要意义[56]。Spencer 等指出共沉淀过程中形成铜锌羟基碳酸盐前驱体是生成小尺寸的、稳定的铜颗粒的必要条件,Cu 颗粒在 ZnO 相表面有规律的分布保证了催化剂的稳定性;ZnO 作为碱性氧化物可以中和氧化铝表面的酸性位,避免了甲醇向二甲醚转化[60]。Burch 等发现由部分氧化的铜物种向 ZnO 的氢溢流作用发生速度较快,而 Cu^0 物种表面发生的氢溢流并不明显;裂解的氢原子集中在 ZnO 的表面缺陷或间隙位点上,且相互作用力适中,ZnO 作为一个储氢化合物为中间物种的进一步加氢提供氢原子[61]。Fujitani 和 Choi 等采用 H_2 还原物理混合的 $Cu/SiO_2+ZnO/SiO_2$ 催化剂时,发现锌物种向铜表面迁移,ZnO 的加入使催化剂在 Cu 表面产生了 Cu-Zn 活性位点,且活性位点的数量随着还原温度的升高而增加;此外,Zn 沉积的 Cu（111）面要比单独的 Cu（111）面具有更高的加氢活性。他们提出了一个模型,如图 1-3 所示,用于分析合成甲醇过程中 ZnO 位点的作用。[62-63]该模型指出,高还原温度下 ZnO_x 物种从 ZnO/SiO_2 迁移到铜颗粒上,部分覆盖其表面并产生类似 Cu^+-O-Zn 的位点,最后与铜颗粒形成 Cu-Zn 合金。

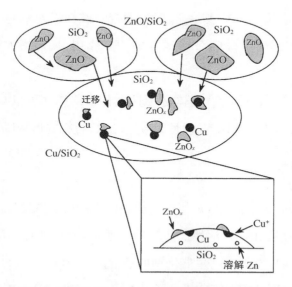

图 1-3 物理混合的 Cu/SiO_2 与 ZnO/SiO_2 催化剂的合成甲醇活性位点模型[62]

ZrO_2 是具有面心立方结构的萤石型氧化物,每个 Zr^{4+} 被八个邻近等距的 O^{2-} 包围,该结构被二价或三价的杂质离子掺杂时,会产生具有活性位作用的氧空位。ZrO_2 是重要的耐高温材料,在还原或反应过程中可保持高的稳定性。作为一种良好的载体和助剂组分,ZrO_2 可以促进金属 Cu 的分散,改善 Cu 物种表面的电子结构,调变 Cu 物种价态和提供直接的助催化作用等。Jung 等等在 CO/CO_2 加氢反应中,发现晶态 ZrO_2(四方相 $t-ZrO_2$ 和单斜相 $m-ZrO_2$)可以直接与羰基化合物作用形成甲酸盐,在 Cu 位点上活化产生的活性氢则溢流到 ZrO_2 上进而发生反应;$Cu/m-ZrO_2$ 催化剂上甲醇的生成速率要比 $Cu/t-ZrO_2$ 催化剂高 4.5 倍,这是因为 $m-ZrO_2$ 表面具有更多的活性中间物种[64]。Jeong 等采用共沉淀法制备不同 Zr 含量的 Cu/Zn/Zr 催化剂用于 CO_2 加氢合成甲醇反应,发现 Zr^{4+} 并没有像 Zn^{2+} 那样,取代部分 Cu^{2+} 进入孔雀石晶格中,ZrO_2 的作用是阻止形成大的 Cu/Zn 颗粒;随着 Zr 含量的增加,焙烧后催化剂的 CuO/ZnO 颗粒变小,还原后催化剂的 Cu 颗粒分散度提高[65]。Wang 等以焙烧温度为变量合成了系列具有不同 Cu 比表面积、氧空位浓度的 Cu/ZrO_2 催化剂,发现 Cu 与 ZrO_2 间相互作用的强度对催化活性至关重要;并采用 in situ DRIFT 手段在 Cu/ZrO_2 催化剂上对反应机制进行了初步探究,发现甲酸盐加氢是反应的控制步骤且氢溢流在该步骤占据重要作用,Cu 与 ZrO_2 之间的相互作用会影响甲酸盐的加氢和氢溢流速率[66]。此外,ZrO_2 表面同时具有酸性、碱性以及氧化性、还原性,被低价离子掺杂时会产生氧空穴,与 CuO 形成强的相互作用,从而增加铜的分散度并改变其形态[46,67-68]。

事实上,Al_2O_3[69-72]、SiO_2[73-75]等非还原性氧化物载体也可以与 Cu 组分形成强的相互作用,并影响着催化剂的织构、活性组分的分散、材料的形貌以及反应活性。

1.4.3　催化剂助剂

铜基催化剂上的 CO_2 加氢合成甲醇反应是一个结构敏感性反应,因而助剂的引入会对催化剂的物化性质和催化活性产生影响。通常,助剂本身不能起到催化的作用,但添加少量助剂就可以有效提高主催化剂的活性。在 CO_2/H_2 合成甲醇反应中,铜基催化剂常用的助剂主要分为以下四类:第三主族元素(B、Al、Ga、In 等);过渡金属元素(Fe、Mn、V、Ti、Y 等);稀土元素(La、Ce 等);碱金属及碱土金属元素(Li、Na、K、Mg、Ca、Ba 等)。由于助剂种类众多,且不同助剂对催化剂的调变机制存在差异,本节将选取一些常用助剂进行讨论。

Guo 等采用燃烧法制备了不同 La 掺杂量的 Cu/ZrO_2 催化剂,实验发现 La 的加入可以提高催化剂的 Cu 比表面积以及表面碱性,改善 H_2 和 CO_2 的吸附性能[26]。Natesakhawat 等将 Ga、Y 引入共沉淀法制备的 Cu/Zn/Zr 催化剂中用于 CO_2 加氢反应,结果显示 Ga_2O_3、Y_2O_3 的加入增强了催化剂的还原性能,并抑制了 CuO 和 ZnO 颗粒的长大,增加了金属 Cu 的分散度和比表面积,提高了反应活性[76]。Słoczyński 等将 Mn、Mg 引入 $Cu/ZnO/ZrO_2$ 催化剂中用于 CO_2 加氢反应,研究发现催化剂表面 Cu 元素含量缺失,而 Zn、Zr 元素发生富集,引入助剂后催化剂表面 Cu 元素含量增加且还原后催化剂的 Cu 分散度显著增加;此外,助剂 Mn、Mg 增强了催化剂吸附反应物分子的能力,从而促进了反应物的活化转化,其催化性能按如下顺序依次增加:CuZnZr＜CuZnZrMg＜CuZnZrMn[77]。Graciani 等采用实验和理论的方法对 Cu/Ce 界面上 CO_2

活化的位点进行了系统考察,图 1-4 为几个催化剂的阿伦尼乌斯曲线,裸露的 $Cu(111)$ 晶面活性较差,采用 CeO_x 修饰的 $Cu(111)$ 晶面催化活性显著增强,且高于 $Cu/ZnO(0001)$ 催化剂[78]。AP-X 射线光电子能谱仪(AP-XPS)和红外反射吸收光谱 (IRRAS)等表征手段显示,金属 Cu 表面不吸附 CO_2 分子,CO_2 在 $CeO_2(111)$ 表面以结合力较强的 CO_3^{2-} 形式存在,只有在 Cu/Ce 界面才会生成 $CO_2^{\delta-}$,它的稳定性比 CO_3^{2-} 差,是生成甲醇的重要中间物种。

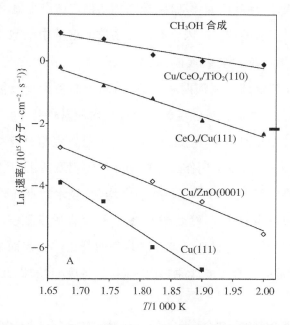

图 1-4   Cu、Cu/ZnO、CeO$_x$/Cu、Cu/CeO$_x$/TiO$_2$ 催化剂合成甲醇的阿伦尼乌斯曲线[78]

1.4.4　催化剂的制备方法

催化剂制备方法的选择与优化是目前催化研究的热点方向,制备方法会影响前驱体的结构和催化剂组成,CuO 的还原性能及与其他组分间相互作用,以及 Cu 的分散和价态等,最终会影响催化活性。固体催化剂的制备过程较为烦琐、影响因素较多,了解各个因素对催化剂结构、活性及稳定性的影响,以及掌握催化剂制备的关键因素至关重要。传统铜基催化剂的制备方法主要有共沉淀法、浸渍法和溶胶凝胶法,其中以共沉淀法最为普遍。

共沉淀法是指将两种或多种金属盐以均相形式溶于溶液中,与沉淀剂共同作用生成均一的沉淀,然后经老化、洗涤、抽滤、干燥、焙烧和还原等步骤得到催化剂,它是制备含有两种或两种以上金属元素的复合氧化物超细粉体的重要方法。该方法的主要优点是易制得粒度小且分布均匀的纳米粉体材料,组分间的相互作用较强,制备工艺简单、成本低、制备条件容易控制,易于实现大规模工业化生产。共沉淀过程中需要控制的工艺条件包括:金属组分化学配比及溶液浓度、沉淀剂的种类和浓度、加料方式、沉淀温度及 pH、搅拌速率、老化的温度及时间、洗涤方式、干燥温度和方式、煅烧温度和方式等,这些参数会对催化剂的结构、形貌甚至催化活性、选择性及稳定性产生显著影响。

浸渍法是将预处理后的载体放入含有活性物质的溶液中浸泡,活性物质逐渐吸附于载体表面,达到平衡后除去剩余液体,经干燥、焙烧、活化等工艺得到催化剂。浸渍法主要分为过量浸渍和等体积浸渍两种方法,适用于制备贵金属催化剂、活性组分含量较低的催化剂,以及需要高机械强度的催化剂。对铜基催化剂而言,由于浸渍量少,活性组分与载体之间相互作用差,干燥、焙烧过程中易发生组分迁移,因此浸渍法制备 Cu 基催化剂的应用较少,通常会用作反应机制探讨的模型催化剂。

溶胶凝胶法是将原料在液相下分散并混合均匀,经水解反应形成活性单体,活性单体经缩合反应形成透明的溶胶,然后经陈化、胶粒聚合形成凝胶,最后经干燥和焙烧等得到分子乃至亚纳米结构的材料。该方法制备的催化剂比表面积大,可达到纳米级水平的均匀混合,但是存在金属醇盐原料成本高、制备周期长,以及有机溶剂对健康有害等缺点。

除了以上三种方法,还有沉淀沉积法[79]、蒸氨沉淀法[28]、真空冷冻干燥法[80]、快速燃烧法[27]等,在此不一一详述。

1.5　热力学计算

CO_2 加氢合成甲醇反应体系主要涉及以下两个反应:

$$CO_2(g) + 3H_2(g) \rightleftharpoons CH_3OH(l) + H_2O(l) \qquad \Delta H = -49.5 \text{ kJ} \cdot \text{mol}^{-1} \qquad (1)$$

$$CO_2(g) + H_2(g) \rightleftharpoons CO(g) + H_2O(l) \qquad \Delta H = +41.2 \text{ kJ} \cdot \text{mol}^{-1} \qquad (2)$$

生成甲醇的反应(1)是体积减小的放热反应,而逆水煤气变换反应(2)为吸热反应,降低反应温度利于甲醇选择性的增加,但是由于 CO_2 的化学惰性,温度太低会造成

CO_2 难以活化、反应速率过低,因此应适当提高反应温度以加快 CO_2 反应速率。提高反应温度时,因为逆水煤气变换反应为吸热反应且具有更高的活化能,所以温度升高时产物 CO 的增加比 CH_3OH 更明显。因此,应当选择合适的反应温度以获得高的甲醇收率。目前文献报道的 CO_2 加氢合成甲醇反应温度多数在 $473 \sim 573$ K。压力的提高对甲醇产率的增加是有利的,但是在实际生产过程中还要考虑到设备的耐受程度和经济因素等,实验室中常用的反应压力为 $2.0 \sim 10.0$ MPa。

1.6 催化活性中心及机制探讨

有关 CO_2 加氢合成甲醇反应的活性中心及机制问题,虽然研究者已经开展了大量深入的研究,但是由于采用的催化剂体系不同且研究手段存在差异,该反应的机制尚未得出统一的结论且存在许多需要完善的问题。目前,主要存在以下两方面的争议:铜基催化剂的活性中心(Cu^0、Cu^+);反应的活性中间物种及反应路径。

早期,许多研究者认为 CO_2 加氢合成甲醇反应活性位是 Cu^0,并得出催化剂的活性与金属铜比表面积呈线性关系的结论。Rasmussen 等考察了 CO_2/H_2 在 Cu(100) 晶面上合成甲醇的活性,发现金属 Cu 为催化剂的活性中心[81]。基于甲醇合成的动力学模型计算得到的反应速率和活化能数据与在 Cu(100) 面测量的实验数据一致,他们排除了 Cu^+ 的存在,认为 Cu^0 是唯一的活性位点。Natesakhawat 等指出 CuO 经 523 K 条件下的氢气还原后全部转化为金属态 Cu^0,工作态及反应后的催化剂中未观察到 Cu^+,认为 Cu^0 是合成甲醇的活性位[76]。然而,很多研究者发现了 Cu^+ 的存在,认为 Cu^+ 在合成甲醇反应中占据重要的作用。Sheffer 等将碱金属修饰过的 Cu 基催化剂的活性差异归因于表面 Cu^+ 浓度不同,而不是电子效应[82]。Herman 等发现 ZnO 可以稳定 Cu^+ 离子的存在,Cu^+ 插入 ZnO 晶格形成 Cu^+/ZnO 固溶体,促进了反应活性的提高[83]。目前,Cu^0 和 Cu^+ 共同作为活性中心促进 CO_2 活化转化为甲醇的观点已得到多数研究者的普遍认可[84]。Toyir 等采用 Ga 修饰 Cu/ZnO 催化剂用于合成甲醇反应,发现高的 Ga $3d_{5/2}$ 结合能可以稳定 Cu^+ 的存在,且 Ga_2O_3 的含量可以调节 Cu^+/Cu^0 值,进而提高催化活性[85-86]。Toyir 等指出 Cu^0 和 Cu^+ 都是 CO_2/H_2 合成甲醇反应必要的活性物种,助剂 Ga_2O_3 和 Cr_2O_3 对 Cu/ZnO 催化剂活性的提高是通过优化表面

Cu^+/Cu^0 值实现的,当 $Cu^+/Cu^0=0.7$ 时,催化剂活性最佳[86]。Wang 等发现 Cu/SiO_2 催化剂的 CO_2 转化率随着 $Cu^+/(Cu^0+Cu^+)$ 值的增加而增加[28]。Wang 等采用 UBI-QEP 法计算了 CO_2/H_2 合成甲醇反应中基元步骤的活化能数据,发现 Cu(111)面上的氧覆盖度与反应活性呈现火山型关系,得出在该反应中活性中心既不是 Cu^0,也不是 Cu^+,Cu^+/Cu^0 值是控制催化活性的重要因素[87]。

CO_2 加氢合成甲醇是由多个基元步骤组成的复杂反应,反应的中间物种、反应路径及速控步骤等问题对深入认识 CO_2/H_2 合成甲醇反应至关重要,因此成为国内外研究者的研究重点[88-91]。铜基催化剂上的"双活性位"反应机制已得到研究者的广泛认可。图 1-5 为 Arena 等提出的 $Cu/ZnO/ZrO_2$ 催化剂上 CO_2 加氢合成甲醇的反应机制,CO_2 在能提供碱性位的 ZnO 和 ZrO_2 表面活化吸附,H_2 在金属 Cu 表面发生解离吸附生成原子氢,然后通过氢溢流作用转移到 Cu/ZnO 和 Cu/ZrO_2 界面上,活化吸附的 CO_2 分步加氢,最终生成甲醇[92]。

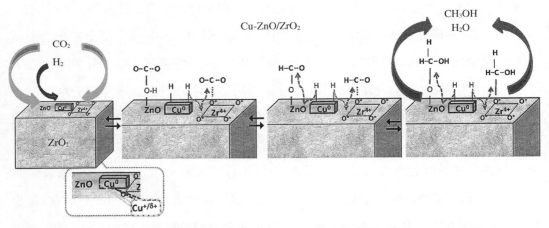

图 1-5 $Cu/ZnO/ZrO_2$ 催化剂上 CO_2 加氢合成甲醇的反应机制[92]

Kim 等采用 IRRAS 手段考察了 Cu(111)位点表面 CO_2 转化为甲醇的反应机制[93]。如图 1-6(a)所示,单独的 CO_2 在 Cu 表面不吸附,但是 H_2 的存在可以诱导 CO_2 解离吸附,并转化为 CO、表面氧(O^*)、表面羟基(HO^*),如图 1-6(b)所示。随后,这些物种可以转化为碳酸盐(CO_3^{2-})、碳酸氢盐(HCO_3^-)、甲酸盐($HCOO^*$)。甲酸盐($HCOO^*$),作为 CO_2 加氢合成甲醇反应中必要的活性中间物种,它的存在促进中间物种 $CH_2O(O)$ 的形成,从而促进了甲氧基(CH_3O^*)和甲醇(CH_3OH)的生成。

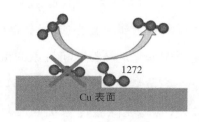 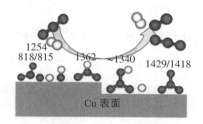

（a）无 H_2 时的 CO_2 吸附　　　　　（b）表面氢促进 CO_2 的转化

图 1-6　CO_2 吸附和加氢的机制[93]

Gao 等以水滑石为前驱体合成了系列 Cu/Zn/Al/Zr 催化剂用于 CO_2 加氢合成甲醇的反应,并提出了可能的反应机制[32],如图 1-7 所示。ZnO、ZrO_2 等吸附活化 CO_2 分子为 CO_2^* ,H_2 在 Cu 位点发生解离吸附,H^* 通过氢溢流作用的传递与 CO_2^* 结合生成活性中间物种甲酸盐（$HCOO^*$）,然后进一步加氢生成双氧亚甲基（H_2COO^*）、表面键合甲醛（H_2CO^*）。对强碱性位 γ 而言,由于 H_2CO^* 的吸附作用较强,使得 $C\!=\!\!O$ 键相对活泼,H_2CO^* 物种倾向于进一步加氢生成甲醇盐（H_3CO^*）,最终生成产物甲醇;而 H_2CO^* 与中等碱性位 β 的相互作用力较弱,H_2CO^* 中 $C\!=\!\!O$ 键比较稳定,因此 H_2CO^* 更容易脱氢生成产物 CO。所以,催化剂碱性位强度的分布对于 CO_2 加氢产物的选择性具有重要意义。

$$强碱性位 γ: CO_2(g) \longrightarrow CO_2^* \longrightarrow HCOO^* \xrightarrow{H} H_2COO^* \xrightarrow{H} OH^* + H_2CO^* \xrightarrow{H} H_3CO^* \xrightarrow{H} CH_3OH^* \longrightarrow CH_3OH(g)$$

spillover

$$Cu 位点: H_2(g) \longrightarrow H_2^* \longrightarrow 2H^* \qquad\qquad\qquad \xrightarrow{H} H_2O^* \longrightarrow H_2O(g)$$

spillover

$$中等碱性位 β: CO_2(g) \longrightarrow CO_2^* \longrightarrow HCOO^* \xrightarrow{H} H_2COO^* \xrightarrow{H} OH^* + H_2CO^* \xrightarrow{dissociation} CO^* \longrightarrow CO(g)$$

图 1-7　以水滑石为前驱体的 Cu/Zn/Al/Zr 催化剂用于 CO_2 加氢合成甲醇的反应机制[32]

1.7　催化剂的焙烧与还原

1.7.1　金属铜

Cu 为第四周期ⅠB族过渡金属元素,金属铜是具有面心立方结构的金属晶体,在加氢催化反应中占据非常重要的地位,金属 Cu 颗粒的大小、分散度与催化活性有密切联系,高温热处理常常会使铜颗粒长大聚集从而造成活性组分数量减少、活性降低。颗粒的长大和烧结影响因素众多,内在因素主要包括金属自身性质、与载体间作用力、表面形貌等,高温热处理的温度及气体氛围是影响催化剂颗粒聚集现象的重要外在因素。Hughes 等得出金属抗烧结能力如下：Ag<Cu<Au<Pd<Fe<Ni<Co<Pt<Rh<Ru[94]。显然,金属 Cu 的抗烧结能力较差,容易在高温过程发生长大和烧结而失活。

Tamman 温度是指金属体相原子发生扩散迁移的起始温度,通常为熔点温度的 3/10；Hüttig 温度是指金属表面缺陷位原子开始扩散迁移的温度,通常为熔点温度的 1/2。金属铜的熔点温度、Tamman 温度、Hüttig 温度分别为 1 356 K、678 K、407 K。由于金属 Cu 的 Tamman 温度和 Hüttig 温度较低,在铜基催化剂的焙烧和还原过程中极易发生颗粒的聚集长大[95-97]。原子迁移与颗粒迁移是金属纳米颗粒烧结公认的两大途径。原子迁移是指纳米颗粒通过自身的表面扩散作用与其他颗粒聚集而长大；颗粒迁移是指纳米颗粒表面的原子发生扩散迁移,最终导致小颗粒消失,大颗粒长大聚集。在催化反应过程中,这两种机制共同作用引发纳米金属颗粒的长大与烧结。通常意义上,金属 Cu 纳米颗粒尺寸越小、分散度越高,对催化活性越有利；但这也意味着表面暴露的原子数量在增加,当颗粒尺寸减小至纳米尺度时,表面自由能会显著增加,催化剂更容易发生聚集与烧结现象,最终影响催化活性。活性和稳定性之间的内在矛盾是铜基催化剂面临的巨大挑战,研究者正不断寻求新的方法和技术来克服该问题。

1.7.2　催化剂的焙烧

通常,干燥后的催化剂须通过焙烧过程来分解前驱体,稳定催化剂组成,提高催化剂机械强度,增加各组分之间的相互作用。升温速率、焙烧的气体氛围、时间和温度等都会对催化剂的结构和性能产生影响。焙烧过程会引起催化剂颗粒的聚集,组分相互作用以及氧化物还原性能的变化,甚至会引起表面活性物种的转变。Fujita 等发现升温速率从 2 K/min 增加到 20 K/min 时,以绿铜锌矿为前驱体的催化剂中 CuO 和 ZnO 的颗粒都出现增大现象。这表明低的升温速率利于生成超细催化剂,较大的升温速率下,前驱体的分解在短时间内完成,金属氧化物在高的分压下与 H$_2$O 相互作用会导致大颗粒的生成。[98]Chang 等采用沉淀沉积法制备了 Au/ZnO/Al$_2$O$_3$ 催化剂用于甲醇的部分氧化,结果发现催化剂的活性与金属 Au 颗粒尺寸密切相关,Au 颗粒大小随着焙烧温度的升高而增加,未焙烧的催化剂具有最高的催化活性[99]。Backman 等发现焙烧过程导致 Co 氧化物相与 Al_2O_3 载体形成非常强的作用力,降低了 $Co(acac)_2/Al_2O_3$ 催化剂的还原性能及金属 Co 的分散度,未焙烧催化剂具有高的 Co 分散度,与载体间存在合适的相互作用,因此在甲苯加氢反应中表现出更高的活性[100]。Hodge 等采用共沉淀法制备 Au/Fe_2O_3 催化剂用于 CO 的低温氧化反应,未焙烧(393 K 干燥)的催化剂中,Au 以 $AuOOH \cdot xH_2O$ 和 Au^0 混合团聚体(4~8 nm)的形式存在于无序的 $Fe_5HO_8 \cdot 4H_2O$ 颗粒表面,焙烧后的催化剂(673 K 焙烧)中,3~5 nm 的金属 Au 颗粒均匀分散于结晶度良好的 $\alpha\text{-}Fe_2O_3$ 颗粒上,未焙烧的催化剂由于 Au^{x+}/Au^0 活性物种的存在表现出更高的 CO 氧化活性[101]。

虽然在很多实例中未焙烧的催化剂表现出更优异的催化活性,但是为了稳定催化剂的组成、增强催化剂机械强度、达到与载体合适的相互作用等,催化剂需要在适宜的温度下进行煅烧。在 CO_2 加氢合成甲醇反应中,铜基催化剂的焙烧温度一般集中在573~773 K,焙烧过程对铜物种造成的聚集与烧结是显著的,所以有关焙烧过程的改进与优化成为铜基催化体系的研究重点和热点。

1.7.3　催化剂的还原

金属催化剂的制备大多是通过气相还原法获得,即采用 H_2 在一定温度下对金属氧化物进行还原,铜基催化剂也不例外。然而,由于金属铜具有较低的 Hüttig 温度(407 K)和 Tamman 温度(678 K),在焙烧、还原、催化等过程中铜颗粒的聚集成为铜基催化剂面临的巨大挑战。氢气还原氧化铜[$H_2(g) + CuO(s) = Cu(s) + H_2O(l)$　$\Delta H = -84.52 \text{ kJ} \cdot \text{mol}^{-1}$]是一个强放热反应,容易造成飞温现象,使得反应条件难以控制。此外,该反应需在较高的温度(473~623 K)下进行,放出的大量热量会加剧铜颗粒的烧结,使得活性组分利用率下降。在催化剂中添加抗烧结的助剂或者选用热稳定性良好的骨架分散载体,只能小幅度地延缓铜颗粒在还原过程中的聚集,效果不够显著。

寻找新型高效还原方法成为国内外研究者的研究重点,主要从适当降低催化剂的还原温度、适时转移还原过程释放的热量两方面入手。以硼氢化物、水合肼等为还原剂,利用化学还原制备金属(如 Au、Ag、Pt、Cu、Fe、Ni 等)纳米材料,所得的纳米颗粒具有分散度高、纯度高、粒度均匀等特点,且成本低、设备简单、生产效率高,应用十分广泛[102-106]。例如,Liu 等以 $NaBH_4$ 为还原剂制备的金属铜纳米颗粒平均粒径低至 37 nm[103]。基于该法的诸多优点,研究者将化学还原法应用于金属催化剂的制备。Fujita 等采用甲醇代替 H_2 还原 Cu/ZnO 催化剂用于 CO_2 加氢制甲醇反应,发现 CH_3OH 做还原剂时催化剂活性更好,这是因为还原过程发生的甲醇脱氢反应 $(2CH_3OH \longrightarrow HCOOCH_3 + 2H_2)$ 为吸热反应,可以中和 H_2 还原 CuO 释放的部分热量,在一定程度上抑制了体系热量的积聚,因此得到的催化剂具有更高的金属 Cu 分散度,表现出更好的催化活性[98]。Belin 等以 $NaBH_4$ 为还原剂得到的 $CuAu/SiO_2$ 催化剂比 H_2 还原时具有更小的金属 Cu 颗粒,在丙烯制丙烯醛反应中表现出更优的催化活性[107]。Chen 等制备 $CuNi/SiO_2$ 催化剂时,以 $NaBH_4$ 为还原剂得到的催化剂中发现 Cu-Ni 合金纳米颗粒的存在[108]。$NaBH_4$ 还原氧化铜反应在液相体系中进行,反应温度低,在室温下即可发生反应。相比传统的气相还原法,液相还原法操作简单、快捷且条件可控,反应放出的热量可在液相环境中迅速得到转移,因此,铜物种的长大与烧结极大地受到抑制,易获得小颗粒的铜基催化剂。

1.8　本书主要内容

当今人类社会面临的气候变化与能源危机正日益受到全世界范围的关注。实现 CO_2 资源化利用是有望解决以上两大难题的有效途径。甲醇作为一种重要的化工基本原料、洁净的绿色燃料和能源载体,成为 CO_2 化学转化的首选产物。然而,由于 CO_2 的化学惰性及热力学上的不利因素,CO_2 活化困难,催化剂普遍存在 CO_2 转化率低、甲醇选择性低的缺点,因此高效催化剂的研发是 CO_2 加氢合成甲醇反应的研究重点。

合成甲醇所用铜基催化剂通常是将焙烧后的金属氧化物在 H_2 氛围下还原为金属 Cu,然后用于催化反应。然而,传统的气相还原过程常伴随着强烈的放热效应且需要在高温(473~623 K)下反应,会引起表面铜颗粒的长大并加速其聚集烧结,从而影响催化性能。近年来,以 $NaBH_4$ 为还原剂的液相还原法逐渐受到人们的关注。与传统气相还原法相比,液相还原法操作简单、快捷且条件可控,低温下的还原反应可有效抑制铜颗粒的长大。因此,液相还原法有望制备出高铜分散度、高反应活性的催化剂。

本书主要探讨液相还原法制备高效的铜基催化剂用于 CO_2 加氢合成甲醇反应,并系统考察还原方式、还原剂用量等对催化剂结构和催化性能的影响,此外,重点探究了该方法制备的铜基催化剂在焙烧、还原及催化等高温行为下的特殊性及普遍性。

(1) 液相还原与气相还原的异同及还原剂用量的影响

H_2 还原氧化铜是一个强放热反应且需要在较高的温度下进行,高于金属 Cu 的 Hüttig 温度,接近于 Tamman 温度,且反应时间一般大于 6 h。$NaBH_4$ 还原铜的反应在低温进行,反应时间短,所制备的还原态催化剂可直接用于反应评价,金属 Cu 颗粒聚集与烧结现象显著降低。本书以 $NaBH_4$ 为还原剂并采用液相还原法制备 Cu 基催化剂,系统考察两种还原方式在 CO_2 加氢反应中的异同之处,及还原剂用量对催化剂结构性质和催化活性的影响。结合表征与评价数据,建立液相还原体系中铜基催化剂结构性质与催化性能的构效关系。

(2) 焙烧温度的影响

由于液相还原法制备的催化剂含有还原态的铜物种(Cu^0、Cu^+),它们比 Cu^{2+} 具有更强的流动性,在后续的焙烧过程中更容易发生烧结、聚集等现象。采用液相还原法制备不同焙烧温度的 Cu 基催化剂,考察焙烧温度对催化剂的晶粒尺寸、还原性能、表面铜物种分布、表面碱性及 CO_2 加氢合成甲醇催化活性的影响。

(3) 焙烧-还原顺序的影响

液相还原法制备铜基催化剂时,$NaBH_4$ 通常是与共沉淀后的浆液反应,然后经干燥、焙烧等得到还原态的催化剂。焙烧的作用对象包含还原态铜物种(Cu^0、Cu^+),易发生烧结、聚集等现象。改变液相还原与焙烧的顺序,对焙烧后的金属氧化物进行液相还原反应,强化组分间相互作用力,抑制铜颗粒的聚集。系统考察焙烧与还原顺序对催化剂的形貌、还原性能、组分间相互作用强度、表面铜物种分布等的影响,结合 CO_2 加氢合成甲醇的催化活性,明确热处理顺序对铜基催化剂的重要意义,为高效催化剂的开发提供理论指导。

(4) 类钙钛矿型化合物的气相与液相还原

类钙钛矿型铜基催化剂在 CO_2 加氢反应中催化活性并不理想,这是由于材料比表面积太小,组分间作用力强导致还原温度过高造成的。传统共沉淀法制备的 La_2CuO_4 类钙钛矿材料需经 623 K 条件下纯氢还原后用于 CO_2 加氢反应。将 La_2CuO_4 型类钙

钛矿材料采用 $NaBH_4$ 还原后直接用于 CO_2 加氢反应，避免高温 H_2 还原步骤，减少还原过程中对铜物种的烧结。结合催化剂的表征与催化活性数据，系统考察两种还原方式对类钙钛矿型催化剂结构性质与催化活性的重要影响。

第 2 章　实验研究方法及装置

2.1　实验主要试剂

本书中所涉及的各种试剂原料列于表 2-1。

表 2-1　试剂规格和生产厂家

试剂名称	纯度或规格	生产厂家
硝酸铜	分析纯	国药集团化学试剂有限公司
硝酸锌	分析纯	国药集团化学试剂有限公司
硝酸铝	分析纯	国药集团化学试剂有限公司
硝酸锆	分析纯	国药集团化学试剂有限公司
硝酸镧	分析纯	国药集团化学试剂有限公司
碳酸钠	分析纯	国药集团化学试剂有限公司
氢氧化钠	分析纯	国药集团化学试剂有限公司
硼氢化钠	分析纯	国药集团化学试剂有限公司
无水乙醇	分析纯	天津市北辰方正试剂厂
二氧化碳	高纯	山西宜虹气体工业有限公司
氢气	高纯	山西宜虹气体工业有限公司
氩气	高纯	山西宜虹气体工业有限公司
氮气	高纯	山西宜虹气体工业有限公司

2.2　催化剂的制备

具体制备方法详见本书各个章节。

2.3 催化剂的表征

2.3.1 X射线衍射(XRD)

X射线粉末衍射测试是在德国 Bruker D8 Advance 型 X 射线粉末衍射仪上进行的,Cu 靶得 Kα($\lambda = 1.5418$ Å),管电流 10 mA,管电压 40 kV,扫描角度范围为 $5° \sim 80°$,扫描速度为 2°/min,扫描步长为 0.02°,数据由计算机自动采集。金属 Cu 颗粒的平均晶粒尺寸由 Scherrer 公式计算得到:$d = K\lambda/(B \cdot \cos\theta)$,其中 K 为 Scherrer 常数,若 B 为衍射峰的半高宽,则 $K = 0.89$;λ 为 X 射线的波长(单位为 nm);θ 为衍射角(单位为 rad)。

2.3.2 N₂ 物理吸附

催化剂的比表面积、孔体积及平均孔径等物理性质的测试在美国 Micromeritics 公司的 ASAP 2020 物理吸附仪上进行。测试前,催化剂样品先进行脱气预处理,即真空条件下 363 K 处理 1 h 和 573 K 处理 8 h。测试时,样品在液氮中冷却至 77 K,采用静态法测定样品的 N_2 吸附和脱附等温线。样品的比表面积($S/S_0 = 0.05 \sim 0.22$,N_2 分子截面积 0.162 nm²)采用 Brunauer-Emmett-Teller(BET)方法计算;样品的孔分布曲线采用 Barrett-Joyner-Halenda(BJH)方法基于 Kelvin 方程计算。

2.3.3 元素分析(ICP-OES)

催化剂样品中体相金属元素的组成采用美国赛默飞世尔公司的电感耦合等离子体-原子发射光谱仪(ICP-OES)进行测试,其型号为 Thermo iCAP 6300。

2.3.4 N₂O 化学吸附

催化剂中暴露的金属铜的比表面积(S_{Cu})采用 N_2O 解离吸附测试,在 Micromeritics Auto Chem. 2090(USA)化学吸附仪上进行,并采用热导检测器(TCD)记录氢气消耗信号。具体操作步骤如下:①催化剂样品(100 mg)在 10%(体积百分数)H$_2$/Ar 混合气中于 503 K(或 523 K)还原 2 h,然后在 Ar 气中温度降至室温;②将样品置于 10%(体积百分数)N$_2$O/Ar 混合气中在 323 K 下吸附 1 h,使得金属 Cu 被完全氧化为 Cu$_2$O,即反应 N$_2$O+Cu $\longrightarrow$ N$_2$+Cu$_2$O,然后采用 Ar 将表面吸附的 N$_2$O 吹扫干净并降至室温;③最后,采用 10%(体积百分数)H$_2$/Ar 混合气对样品进行二次还原处理,以 5 K/min 的速率程序升温至 573 K,使得表面的 Cu$_2$O 被 H$_2$ 还原,该过程中耗氢量记作 X。催化剂暴露的金属铜的比表面积采用公式(2-2)进行计算[109-110]:

$$n_{Cu} = 2n_{H_2} \tag{2-1}$$

$$S_{Cu} = (n_{Cu} \times N_A)/(1.4 \times 10^{19} \times W) \tag{2-2}$$

其中,S_{Cu} 是每克催化剂暴露的金属铜比表面积,n_{Cu} 是催化剂中表面铜的物质的量,N_A 是阿伏伽德罗常数(6.02×10^{23}),1.4×10^{19} 是每平方米铜原子的个数,W 是催化剂的质量。

2.3.5　热重-质谱(TG-MS)

采用法国 Setaram 仪器公司的 Setsys Evolution TGA 16/18 高温热分析仪测定催化剂前驱体材料的热重和微分热重(TG-DTG)曲线。样品在 N$_2$ 气氛中加热,升温范围为 298~1 000 K,升温速率为 10 K/min。将高温吸附仪与质谱(OminStar,Pfeiffer Vacuum)联用,测定热分解过程中逸出的气体。

2.3.6　X 射线光电子能谱(XPS)

X 射线光电子能谱和俄歇光电子能谱测试在英国 Kratos 公司 AXIS ULTRA DLD X 射线光电子能谱仪上进行。以 Al Kα($h\nu$=1 486.6 eV)为 X 射线辐射源,加速电压 12 kV,电流 15 mA,分析室真空度低于 10^{-7} Pa。以表面污染碳的 C 1 s 结合能(284.6 eV)为内标校正其他元素的结合能,误差为±0.1 eV。

2.3.7　扫描电子显微镜(SEM)

催化剂表面微观结构形貌采用日本电子公司的 JSM-7001F 热场发射扫描电子显微镜。对样品进行扫描测试前,采用真空溅射技术喷金预处理以改善样品导电性;测试过程中,加速电压为 10 kV。

2.3.8 催化剂微观形貌及结构(HRTEM)

采用日本电子株式会社的 JEM-2010 高分辨透射电子显微镜对样品的微观形貌及结构进行测试,其中加速电压为 200 kV。测试前将样品磨细,置于无水乙醇中超声分散,然后滴加到碳膜支撑的铜网上。经真空烘箱中常温处理后放入透射电子显微镜。配备的扫描透射电子显微镜(STEM)和能量色散 X 射线光谱仪(EDX)用于测试样品表面形貌和元素组成及分布等信息。

2.3.9 程序升温还原(H_2-TPR)

程序升温还原(H_2-TPR)在 TP-5080 全自动多用吸附仪上进行测试,采用热导检测器(TCD)记录 H_2 消耗情况。具体操作步骤如下:①将样品(50 mg,40~60 目)置于石英管中,在氩气气氛下于 423 K 预处理 1 h,除去吸附在催化剂表面的气体杂质;②待样品降至室温后,采用 10%(体积百分数)H_2/Ar 混合气进行程序升温还原过程,以 5 K/min 的速率程序升温至 723 K,并记录氢气消耗。

2.3.10 表面碱性测试(CO_2-TPD)

催化剂表面的碱性由 CO_2 程序升温脱附(CO_2-TPD)实验测得,气体检测在质谱(OminStar,Pfeiffer Vacuum)上进行。具体操作步骤如下:①催化剂采用原料气(H_2:CO_2=3:1)在 503 K 或 523 K(催化剂评价时最初的反应温度)下处理 2 h;②样品降至 323 K 后,置于 CO_2 气氛中吸附 1 h,然后采用氩气吹扫表面物理吸附态的 CO_2,直至基线平稳;③以 10 K/min 的升温速率至 723 K 进行程序升温脱附实验,并用质谱记录 CO_2 脱附曲线(m/z=44)。

2.4 催化剂的活性评价

2.4.1 实验装置及流程

催化剂的 CO_2 加氢合成甲醇反应评价在连续流动的不锈钢高压固定床反应器中

进行,反应管直径为 10 mm,长度为 500 mm,固定床反应器的流程图见图 2-1。催化剂装填量为 1.0 mL 或 1.5 g(40~60 目),反应管底部用 20~40 目的石英砂装填,中间恒温区装填用等体积 40~60 目石英砂稀释后的催化剂,反应管顶部用 20~40 目的石英砂装填。共沉淀法制备的催化剂在反应评价前需进行 H_2 还原过程,在常压条件下使用高纯氢气于还原温度(由 H_2-TPR 数据得到,不同体系催化剂还原温度存在差异)下还原 6 h。液相还原法制备的催化剂不需要氢气还原可直接进行活性评价。还原后反应器降至室温,固定床反应器中通入高纯 CO_2 与高纯 H_2 混合的原料气(CO_2:H_2 = 1:3),反应温度 T = 503 K、523 K、543 K,反应压力 p = 5 MPa,反应体积空速 $GHSV$ = 4 600 h^{-1} 或 4 000 h^{-1}。液相产物由冷阱收集,尾气气相产物由流量计计量后放空,且产物的分析均采用气相色谱。为保证定态操作数据的可靠性,产物的取样分析需在催化剂反应 24 h 以后进行,每次定态操作时间为 24 h,且碳平衡和质量平衡需要维持在 95%~105% 之间。

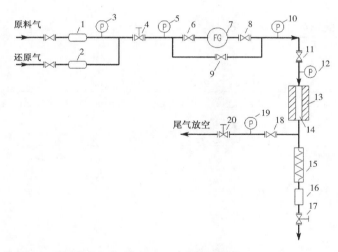

1,2—过滤器;3—总压力表;4—进气阀;5—流量计前压力表;6—前定压阀;7—流量计;8—后定压阀;9—旁路;10—流量计后压力表;11—进系统阀;12—系统压力表;13—加热器;14—反应管;15—冷阱;16—缓冲罐;17—取样阀;18—系统后定压阀;19—系统后压力表;20—尾气取样阀。

图 2-1 CO_2 加氢制甲醇反应评价装置的流程示意图

2.4.2 产物分析

(1)气相产物分析

对反应原料气及尾气产物中 H_2、CO_2、CO、CH_4 等的分析在上海海欣色谱 GC-

920 上进行，由 TDX-01 碳分子筛柱分离，以高纯氩气为载气（气速为 15 mL/min），使用热导检测器（TCD）；对尾气产物中 $C_1 \sim C_4$ 等烃类的分析在上海海欣色谱 GC-920 上进行，由改性 Al_2O_3 色谱柱分离，以高纯 H_2 为载气（气速为 15 mL/min），使用氢火焰离子化检测器（FID）。

（2）液相产物分析

液相产物中 H_2O 和 CH_3OH 的分析在上海海欣色谱 GC-950 上进行，经由 Porapak-Q 色谱柱分离，以高纯 H_2 为载气（气速为 15 mL/min），使用热导检测器（TCD）。

2.4.3 数据计算方法

在 CO_2 加氢合成甲醇反应中，CO_2 的转化率，CH_3OH 和 CO 的选择性，以及甲醇的时空收率由以下公式计算：

$$X_{CO_2} = \frac{F_{in} \cdot y_{CO_2}^{in} - F_{out} \cdot y_{CO_2}^{out}}{F_{in} \cdot y_{CO_2}^{in}} \times 100\% \qquad (2\text{-}3)$$

$$S_{CH_3OH} = \frac{W_{liquid} \times x_{CH_3OH}/(t \times M_{CH_3OH})}{(F_{out} \cdot y_{CO}^{out} - F_{in} \cdot y_{CO}^{in}) + (W_{liquid} \times x_{CH_3OH})/(t \times M_{CH_3OH})} \qquad (2\text{-}4)$$

$$S_{CO} = \frac{F_{out} \cdot y_{CO}^{out} - F_{in} \cdot y_{CO}^{in}}{(F_{out} \cdot y_{CO}^{out} - F_{in} \cdot y_{CO}^{in}) + (W_{liquid} \times x_{CH_3OH})/(t \times M_{CH_3OH})} \qquad (2\text{-}5)$$

$$STY_{CH_3OH}^1 = \frac{W_{liquid} \times x_{CH_3OH}}{t \times V_{cat}} \qquad (2\text{-}6)$$

$$STY_{CH_3OH}^2 = \frac{W_{liquid} \times x_{CH_3OH}}{t \times m_{cat}} \qquad (2\text{-}7)$$

CH_3OH 和 CO 的选择性以摩尔量（碳选择性，C-mol%）计算。其中：

F_{in}：原料气摩尔流量，mol/h；

F_{out}：尾气摩尔流量，mol/h；

y_i^{in}：原料气中 i 组分的摩尔分数；

y_i^{out}：尾气中 i 组分的摩尔分数；

W_{liquid}：液相产物的质量，g；

x_{CH_3OH}：液相产物中甲醇的质量分数；

t：反应时间，h；

M_{CH_3OH}：甲醇的摩尔质量，g/mol；

$STY^1_{CH_3OH}$：甲醇的时空收率，$g \cdot mL^{-1} \cdot h^{-1}$；

V_{cat}：装填催化剂的体积，mL；

$STY^2_{CH_3OH}$：甲醇收率，$g \cdot gcat^{-1} \cdot h^{-1}$；

m_{cat}：装填催化剂的质量。

第 3 章 还原方式及还原剂用量对 Cu/Zn/Zr 催化剂结构和性能的影响

3.1 引言

由共沉淀法制备的 Cu/Zn/Al 催化剂被广泛应用于工业低温合成甲醇反应。与 Al_2O_3 相比，ZrO_2 作为载体具有弱亲水性、高的表面碱性，可有效提高铜的分散度，因此 Cu/Zn/Zr 催化剂在 CO_2 加氢合成甲醇反应中表现出更优良的催化效果[111-113]。CO_2 加氢合成甲醇是一个结构敏感性反应，催化剂的组成[65,114-115]、前驱体结构[34,116-119]、预处理（焙烧、还原）条件[98,120]等会对催化剂的结构性质产生显著影响，最终影响到催化活性。虽然国内外研究者已对上述诸多影响因素开展了大量研究，然而有关还原方面的研究鲜有报道。合成甲醇所用的 Cu 基催化剂通常是将焙烧后的金属氧化物采用 H_2 高温还原为金属 Cu，然后用于催化反应。但是传统的气相还原过程为强放热反应，容易造成飞温现象，使得反应条件难以控制[50]。H_2 还原 CuO 反应需要在高温（473～623 K）下进行且反应时间长（≥6 h），会引起表面铜颗粒的长大并加速其聚集烧结，造成活性组分利用率下降，最终影响催化性能。降低还原过程对铜物种的聚集烧结作用主要包含两方面内容：一是添加助剂或合成特殊骨架结构，增强铜物种的抗烧结性能；二是寻求新的还原方法，可以通过降低还原温度、缩短还原时间、简化热处理的步骤等方法实现。近年来，以 $NaBH_4$ 为还原剂的液相还原法逐渐受到人们的重视[107-108,121]。与传统气相还原法相比，液相还原法操作简单、快捷且条件可控，反应可在低温甚至室温下进行且反应时间短，可有效抑制铜颗粒的长大聚集。因此，液相还原法可制备出高铜分散度、高反应活性的催化剂。

本章节以 $NaBH_4$ 为还原剂，采用液相还原法制备了系列 Cu/ZnO/ZrO_2 催化剂用于 CO_2 加氢制甲醇反应，并考察了 $NaBH_4$ 用量对催化剂还原程度、物化性质和催化活性的影响。采用 XRD、N_2 物理吸附、SEM、HRTEM、N_2O 化学吸附、XPS、H_2-TPR、CO_2-TPD 等表征手段对气相还原、液相还原两种方式的异同进行了系统考察。结合表征结果,对液相还原法制备的 $Cu/ZnO/ZrO_2$ 催化剂的构效关系及 CO_2 加氢合成甲醇的反应机制进行了初步探索。

3.2 实验部分

3.2.1 催化剂的制备

将 $Cu(NO_3)_2 \cdot 3H_2O$、$Zn(NO_3)_2 \cdot 6H_2O$、$Zr(NO_3)_4 \cdot 5H_2O$ 以物质的量比 6:3:1 配制成 1 mol/L 的混合盐溶液;将 Na_2CO_3 配制成 1.2 mol/L 的沉淀剂溶液。用蠕动泵(Longer Pump,BT100-2J)将金属盐溶液和沉淀剂溶液同时逐滴加入去离子水(体积与金属混合盐溶液相同)中,在加热($T=338$ K)搅拌条件下沉淀,pH 保持在 7.0 ± 0.2。为防止水解,配制还原剂溶液时将一定量的 $NaBH_4$ 溶于 0.1 mol/L 的 NaOH 溶液中。沉淀结束后,排净体系内空气,在氮气气氛保护下用恒压滴液漏斗将还原剂溶液逐滴加入搅拌加热的共沉淀浆液中。此时体系的颜色在 1 min 内由蓝绿色逐渐变成黑色。滴加完毕后,体系在氮气气氛中于 338 K 搅拌状态下老化 2 h,然后多次用去离子水洗涤、抽滤直至无 Na^+ 检测出。滤饼于真空干燥箱中 323 K 下干燥 10 h,在氮气保护下于管式炉中 573 K 焙烧 6 h,然后经压片、破碎、过筛得到 40～60 目的颗粒。最后得到的催化剂材料记作 CZZ-x,x 是指 $NaBH_4$/Cu 的物质的量比。其中,$x=0$ 时无还原剂加入,即 CZZ-0 为传统共沉淀法制备的 $Cu/ZnO/ZrO_2$ 催化剂。

3.2.2 催化剂表征

催化剂采用 XRD、N_2 物理吸附、SEM、HRTEM、N_2O 化学吸附、XPS、H_2-TPR、CO_2-TPD 等表征手段,详见本书 2.3 节。

3.2.3 催化剂评价

催化剂活性评价的实验装置、流程、产物分析以及数据计算与本书 2.4 节的描述一致。催化剂用量 1.0 mL,40～60 目颗粒;CZZ-0 催化剂需采用高纯氢气在大气压条件下于 503 K 还原 6 h 后进行性能评价;CZZ-3、CZZ-5、CZZ-7 催化剂无须 H_2 还原过程直接进行活性测试。反应条件:CO_2:H_2=1:3,T=503 K、523 K、543 K,p=5 MPa,$GHSV$=4 600 h^{-1}。

3.3 催化剂织构性质

图 3-1 的(a)和(b)分别为干燥后和焙烧后 $Cu/ZnO/ZrO_2$ 催化剂的 XRD 谱图。由图 3-1(a)可得,共沉淀法制备的催化剂前驱体结构为锌孔雀石[$(Cu,Zn)_2$ $(OH)_2CO_3$,JCPDS ♯ 17-0216]。在液相还原法制备的样品中锌孔雀石消失,出现了 Cu_2O(JCPDS ♯ 05-0667)以及 ZnO(JCPDS ♯ 36-1451)的衍射峰,说明共沉淀过程中形成的羟基碳酸盐物种在液相还原反应中转化成金属氧化物,并且 Cu^{2+} 已发生还原反应。通常,共沉淀法制备的 $Cu/ZnO/ZrO_2$ 催化剂无论前驱体结构是什么(水滑石或锌孔雀石或绿铜锌矿),经过焙烧以后都会转化成金属氧化物的混合物[23]。由图 3-1(b)可知,CZZ-0 样品经 573 K 焙烧后,在 2θ=35.5°、39.0°观察到 CuO 晶相(JCPDS ♯ 45-0937)的(002)和(200)衍射晶面,以及结晶度非常差的 ZnO 晶相。图中未见 ZrO_2 晶相的衍射峰,说明 ZrO_2 以高分散或无定形态存在,与文献报道结果一

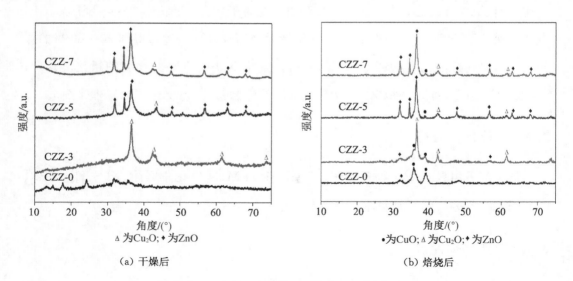

(a) 干燥后   (b) 焙烧后

图 3-1 $Cu/ZnO/ZrO_2$ 催化剂的 XRD 谱图

致[115]。对液相还原法制备的 CZZ-3~CZZ-7 样品来说,随着 NaBH₄ 用量的增加,Cu₂O 的衍射峰强度逐渐减弱,这是因为 NaBH₄ 用量越多,还原过程中释放的 H₂ 越多,促进了 Cu₂O 的分散。值得注意的是,当 B∶Cu≥5 时,ZnO 的衍射峰强度出现明显增强,ZnO 由分散状态甚至无定形态转变为晶型结构良好的晶体。显然,NaBH₄ 用量的变化对 ZnO 晶体的生长产生了影响,说明液相还原过程改变了 ZnO 组分与其他元素的相互作用。

图 3-2 中给出了气相还原后 Cu/ZnO/ZrO₂ 催化剂的 XRD 谱图,其中,CZZ-0 样品是在 503 K 下采用高纯 H₂ 还原 2 h,CZZ-3~CZZ-7 样品则是在 503 K 下采用原料气(H₂∶CO₂＝3∶1)还原 2 h。如图 3-2 所示,$2\theta=43.3°$、$50.4°$和 $74.1°$的特征衍射峰分别归属于金属 Cu(JCPDS ♯ 04-0836)的(111)、(200)和(220)晶面。H₂ 还原后,在 CZZ-0 样品中观察到金属 Cu 晶相,以及结晶度较差的 ZnO 晶相;对于 CZZ-3~ CZZ-7 样品而言,原料气活化后 CuO 和 Cu₂O 的衍射峰消失,出现了金属 Cu 的晶相。以上现象表明,液相还原对铜物种的还原并不彻底,原料气处理后,未还原的铜物种发生了二次还原过程。基于金属 Cu(111)晶面由 Scherrer 公式计算得到的平均铜晶粒尺寸列于表 3-1。随着 NaBH₄ 用量的增加,金属铜晶粒的平均尺寸连续减小,d_{Cu} 由 CZZ-0 样品中的 24.5 nm 减小至 CZZ-7 样品中的 14.7 nm。综上,采用共沉淀法制备 Cu 基催化剂时,H₂ 还原后得到的催化剂金属 Cu 颗粒尺寸较大;用 NaBH₄ 还原过的催化剂,接触到原料气中的 H₂ 时会发生二次还原,得到的催化剂金属 Cu 颗粒尺寸较小。说明 NaBH₄ 还原过的催化剂的铜物种在气相还原过程中的长大聚集现象受到了

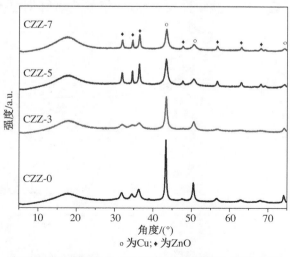

图 3-2　预处理后 Cu/ZnO/ZrO₂ 催化剂的 XRD 谱图

抑制,换言之,液相还原对铜颗粒在热处理过程中的长大聚集起到缓冲作用,且 NaBH$_4$ 用量越多,这种缓冲作用越明显。

表 3-1　Cu/ZnO/ZrO$_2$ 催化剂的物化参数

样品	比表面积 /(m² · g⁻¹)	Cu 比表面积 /(m² · g⁻¹)①	Cu 平均粒径 /nm②	总失重量/%	Cu 物种的比例/%③	
					Cu⁺/Cu²⁺	Cu⁰/Cu⁺
CZZ-0	77.3	49.0	24.5	22.8	0	12.0
CZZ-3	65.6	31.9	17.5	15.7	1.49	5.14
CZZ-5	56.1	34.4	15.0	10.7	3.03	6.88
CZZ-7	45.3	25.3	14.7	8.9	3.29	3.14

注:① N$_2$O 解离吸附计算所得。
　　② 以图 3-2 中 Cu(111)晶面为基准,经 Scherrer 公式计算所得。
　　③ 经 Cu LMM 俄歇光电子能谱分峰计算所得。

为了研究不同 NaBH$_4$ 用量的 Cu/ZnO/ZrO$_2$ 催化剂的热分解行为,对干燥后的材料进行了热重分析(TG)。图 3-3 为系列催化剂的失重曲线,各个样品的失重量(单位为%)列于表 3-1。如图 3-3 所示,CZZ-0 样品与 CZZ-3~CZZ-7 样品的失重趋势是相似的,但失重量却存在显著差异。发生在 300~500 K 的失重属于物理水和结合水的分解。CZZ-0 样品的总失重量最大,约为 22.8%,主要是由于锌孔雀石前驱体分解造成的。液相还原法制备的催化剂失重量明显减少,随着 B/Cu 的比值从 3 到 7,材料的失重量从 15.7% 降至 8.9%。由图 3-1(a)中 XRD 结果可知,CZZ-3~CZZ-7 样品在液相还原过程中锌孔雀石前驱体结构被破坏,分解成金属氧化物,CZZ-3~CZZ-7 样

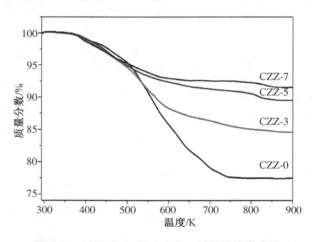

图 3-3　干燥后 Cu/ZnO/ZrO$_2$ 材料的热重曲线

品的失重主要归属于少量 H_2O 及羟基碳酸盐残留物的分解。CZZ-3～CZZ-7 样品失重量的连续减少说明随着 $NaBH_4$ 用量的增加，$NaBH_4$ 对前驱体的分解作用愈加彻底。

　　$Cu/ZnO/ZrO_2$ 催化剂的物化参数列于表 3-1，由表中数据可知，随着 $NaBH_4$ 用量的增加，催化剂的比表面积减小。表中还给出了由 N_2O 解离吸附计算得到的金属铜比表面积，共沉淀法制备的 CZZ-0 样品（普通还原）具有最高的铜比表面积；对于液相还原法（CZZ-3、CZZ-5、CZZ-7 样品）制备的催化剂，铜比表面积随着 $NaBH_4$ 用量增加呈现先增后减的趋势，CZZ-5 具有最大的金属铜比表面积。

　　图 3-4 中的扫描电镜照片呈现了 $Cu/ZnO/ZrO_2$ 催化剂的具体形貌特征，共沉淀法制备的 CZZ-0 样品由密堆积的球形颗粒组成，液相还原法制备的 CZZ-3～CZZ-7 样品颗粒分散性提高，颗粒尺寸也增加。而且，随 B/Cu 比值增加，这种现象越来越明显，这与催化剂比表面积逐渐减小的结果是一致的。值得注意的是，当 B/Cu≥5 时，样品中出现了棒状颗粒。

图 3-4　$Cu/ZnO/ZrO_2$ 催化剂的扫描电镜图

　　图 3-5 为 $Cu/ZnO/ZrO_2$ 催化剂的透射电镜照片，从图中可清晰地看出催化剂颗粒尺寸及形貌的变化规律。CZZ-0 样品的球形颗粒尺寸大小集中在 8～11 nm 之间，呈现均匀分布；而 CZZ-3～CZZ-7 样品中球形颗粒的尺寸增加到 30～50 nm。此外，在 CZZ-5 和 CZZ-7 样品中观察到了棒状颗粒，长度达 200～300 nm；随着 B/Cu 比值

的增加,棒状颗粒的数量在增加,其长度也在增加。

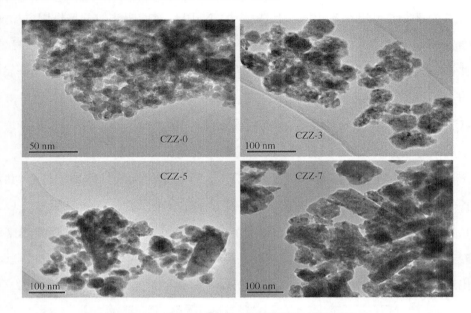

图 3-5　Cu/ZnO/ZrO₂ 催化剂的透射电镜图

为了进一步了解球形颗粒和棒状颗粒的物相组成以及 Cu、Zn、Zr 三种元素在催化剂颗粒表面的分布情况,对共沉淀法制备的 CZZ-0 催化剂和液相还原法制备的 CZZ-5 催化剂进行了扫描透射电子显微镜能量分散 X 射线能谱(STEM-EDS)表征分析。由图 3-6 可知,CZZ-0 催化剂中 Cu、Zn、Zr 三种元素在催化剂颗粒表面是均匀分布的。图 3-7(a)给出了 CZZ-5 催化剂的扫描透射电镜图,图中棒状颗粒周围分布了许多球形颗粒。EDS 元素分析结果显示,Cu 元素主要分布在球形颗粒上,而 Zn 元素集中在棒状颗粒上,Zr 元素的分布与 Cu 元素是一致的。表明液相还原过程打破了各元素均匀分布的状态,出现元素分离与再聚集现象。

图 3-8(a)和(b)分别给出了 CZZ-5 催化剂中球形颗粒和棒状颗粒的高分辨透射电镜图。经傅里叶变换得出,图 3-8(a)中球形颗粒条纹间距为 0.246 nm,归属于 Cu₂O 的(111)晶面。图 3-8(b)中,棒状颗粒的条纹间距为 0.281 nm,归属于 ZnO 的(100)晶面,晶格间距非常清晰完整,说明形成了结晶度良好的 ZnO 晶型。

综合以上表征结果可知,共沉淀法制备 Cu/ZnO/ZrO₂ 催化剂时,组分间具有较强的相互作用,各元素均匀分布;而在液相还原过程中,NaBH₄ 只对铜元素有还原作用,削弱了 Cu 元素与其他组分的相互作用,出现元素迁移现象,Cu、Zr 元素在球形颗粒表面聚集,失去束缚的 ZnO 由原来的无定形态生成晶型完善的棒状颗粒。

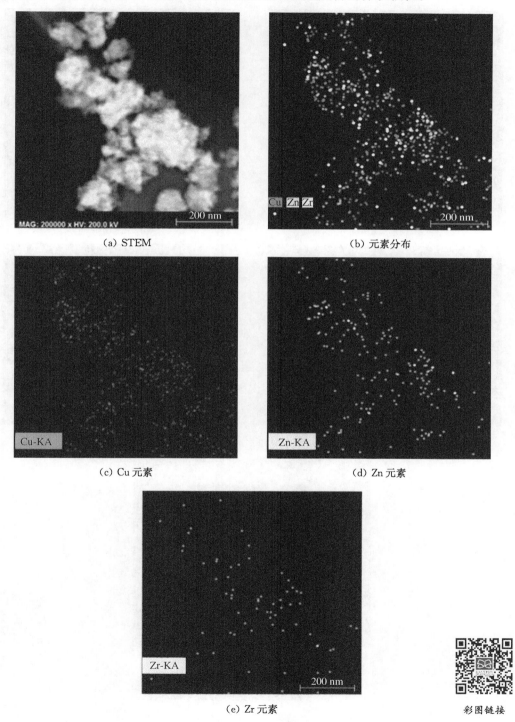

　　　　(a) STEM　　　　　　　　　　　　　(b) 元素分布

　　　　(c) Cu 元素　　　　　　　　　　　　(d) Zn 元素

　　　　　　　　　　(e) Zr 元素　　　　　　　　　　彩图链接

图 3-6　CZZ-0 催化剂的 STEM-EDS 图

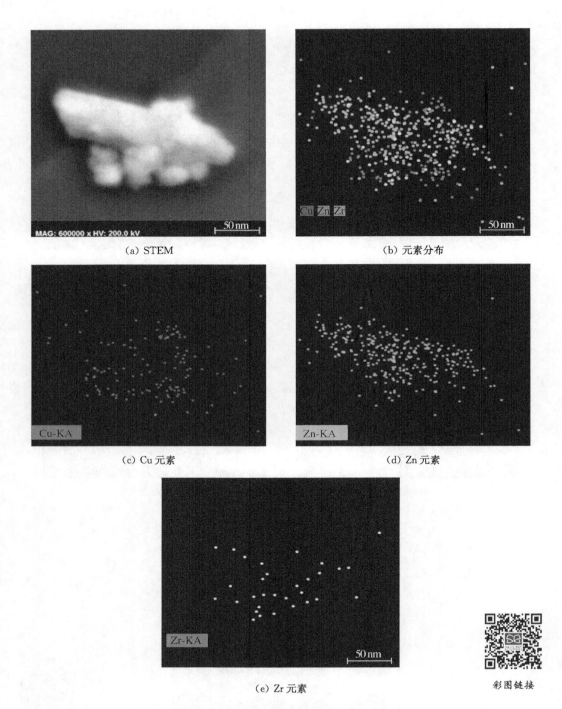

（a）STEM

（b）元素分布

（c）Cu 元素

（d）Zn 元素

（e）Zr 元素

彩图链接

图 3-7　CZZ-5 催化剂的 STEM-EDS 图

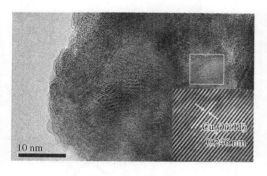 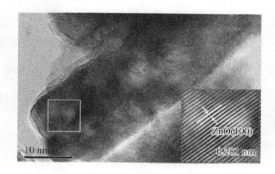

（a）球形颗粒　　　　　　　　　　　　　　　（b）棒状颗粒

图 3-8　CZZ-5 催化剂的 HRTEM 图

3.4　XPS 分析

如图 3-9(a)所示为焙烧后 Cu/ZnO/ZrO$_2$ 催化剂的 Cu LMM 俄歇光电子能谱图。对于共沉淀法制备的 CZZ-0 催化剂,焙烧后的样品在 917.9 eV 处有一个宽泛的峰,归属于 Cu^{2+} 物种;液相还原后的 CZZ-3～CZZ-7 样品的谱图由 916.8 eV(Cu^{+})处的主峰和 917.9 eV(Cu^{2+})左右的肩峰组成[122-124],说明催化剂表面已有大量 Cu^{2+} 被 NaBH$_4$ 还原为 Cu^{+}。为量化描述还原剂用量对催化剂表面铜物种还原程度的影响,将系列催化剂的 Cu^{+}/Cu^{2+} 比值列于表 3-1。从表 3-1 可以看出,随着 NaBH$_4$ 的增加,Cu^{+}/Cu^{2+} 比值从 CZZ-3 样品中的 1.49 增至 CZZ-7 样品中的 3.29,这说明还原剂用量越多,被还原的铜物种数量越多。为进一步考察还原后催化剂表面铜物种的种类和数量分布,现将还原后催化剂的 Cu LMM 俄歇光电子能谱图呈现于图 3-9(b)中。其中,CZZ-0 样品是采用高纯 H$_2$ 在 503 K 条件下还原 2 h;而 CZZ-3～CZZ-7 样品是采用原料气在 503 K 条件下活化 2 h。结果显示,还原处理后,催化剂的 Cu LMM 俄歇光电子能谱图均由 918.65 eV(Cu^0)处的主峰和 916.8 eV(Cu^{+})左右的肩峰组成,这说明催化剂的 Cu^{2+} 已被全部还原,还原后的催化剂表面铜物种由大量 Cu^0 和少量 Cu^{+} 组成,催化剂表面 Cu^0 与 Cu^{+} 相对含量的比值列于表 3-1。不同的还原剂用量导致催化剂中 Cu 物种的还原程度不同,也影响了 Cu 组分与其他元素间的相互作用强度,最终导致了催化剂表面 Cu^0/Cu^{+} 的差异。

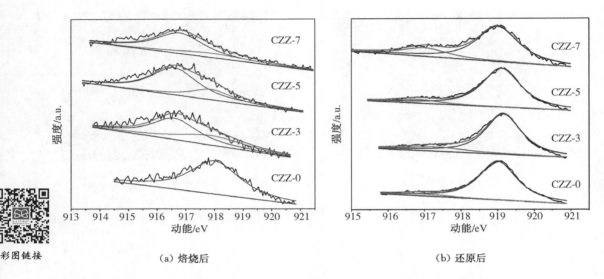

(a) 焙烧后　　　　　　　　　　(b) 还原后

图 3-9　Cu/ZnO/ZrO₂ 催化剂的 Cu LMM 俄歇光电子能谱图

3.5　H₂-TPR 分析

为了研究 Cu/ZnO/ZrO₂ 的还原行为,对催化剂进行了 H₂-TPR 测试。如图 3-10 所示,催化剂在 410～510 K 呈现宽泛的不对称还原峰,为了进一步分析催化剂在小温度区间内还原行为的差异,现将催化剂的还原曲线分成若干个高斯峰,各个峰的中心温度及所占比例列于表 3-2。

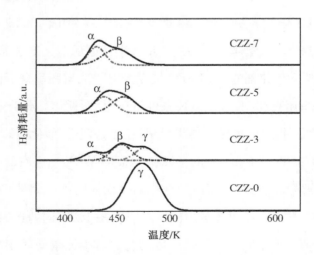

图 3-10　Cu/ZnO/ZrO₂ 的 H₂-TPR 曲线

表 3-2　Cu/ZnO/ZrO₂ 催化剂中每个还原峰的中心温度及占总还原峰的比例

样品	TPR 峰位置和峰比例		
	α 峰	β 峰	γ 峰
CZZ-0	—	—	469 K(100%)
CZZ-3	427 K(21.6%)	454 K(44%)	476 K(34.4%)
CZZ-5	437 K(45.5%)	456 K(54.5%)	—
CZZ-7	430 K(40.4%)	449 K(59.6%)	—

　　TPR 谱图中的 α、β、γ 峰对应于不同种类(体相或表相)的铜氧化物的还原。在 CZZ-0 样品中,只有一个高温还原峰 γ,即 CuO 的还原。由于液相还原过程对铜物种的还原不彻底,CZZ-3～CZZ-7 样品中仍存在 Cu^+ 和 Cu^{2+} 的还原,但是样品的还原峰面积明显减小,这与 XRD 和 XPS 结果是一致的。同时,采用 $NaBH_4$ 还原的催化剂出现了低温还原峰 α 和 β;且随着 $NaBH_4$ 用量的增加,催化剂的初始还原温度向低温方向移动,CZZ-5 和 CZZ-7 样品中未见高温还原峰 γ。上述结果说明液相还原过程通过 $NaBH_4$ 的还原作用削弱了铜物种与其他组分的相互作用,提高了其还原性能。其中,CZZ-5 催化剂中低温还原峰 α 在总还原峰面积中所占比例最大。

3.6　CO₂-TPD 分析

　　图 3-11 为 Cu/ZnO/ZrO₂ 催化剂在 503 K 下采用原料气预处理 2 h 后的 CO₂-TPD 曲线。该曲线在 323～573 K 呈现了两个主要的脱附峰,其中低温脱附峰(α)代表了弱碱位,主要是由表面 OH^- 基团产生的;中温脱附峰(β)代表了中等碱位,主要是由金属-氧离子对(Zn-O、Zr-O 等)产生的[32,125]。表 3-3 给出了各催化剂在 323～573 K 温度范围内碱性位的数量及温度分布。如表 3-3 所示,液相还原法制备的催化剂比共沉淀法具有更多的碱性位数量;而对于 CZZ-3～CZZ-7 样品来说,随着 B/Cu 比值的增加,碱性位数量及其强度均呈现先增后减的趋势,B/Cu=5 时,催化剂碱性位数量最多,碱性最强。

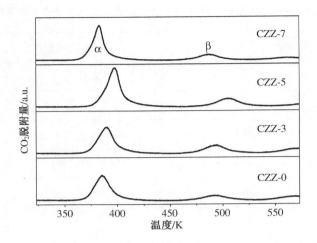

图 3-11　Cu/ZnO/ZrO₂ 催化剂的 CO₂-TPD 曲线

表 3-3　Cu/ZnO/ZrO₂ 催化剂的碱性位数量及温度分布

样品	碱性位数量/($\mu mol \cdot g^{-1}$)	CO₂-TPD 峰位置	
		α 峰/K	β 峰/K
CZZ-0	40.0	384	485
CZZ-3	50.2	389	492
CZZ-5	59.4	398	502
CZZ-7	44.1	383	484

3.7　活性评价

Cu/ZnO/ZrO₂ 催化剂的 CO₂ 加氢合成甲醇的催化活性数据列于表 3-4。在 CO₂ 加氢反应中主要包含以下两个竞争反应：甲醇合成反应和逆水煤气变换反应。

$$CO_2(g) + 3H_2(g) \longrightarrow CH_3OH(l) + H_2O(l) \qquad \Delta H = -49.5 \text{ kJ} \cdot \text{mol}^{-1}$$

$$CO_2(g) + H_2(g) \longrightarrow CO(g) + H_2O(l) \qquad \Delta H = +41.2 \text{ kJ} \cdot \text{mol}^{-1}$$

CH₃OH 和 CO 是该反应条件下的主要含碳产物。如表 3-4 所示，随着反应温度的升高，CO₂ 转化率增加而甲醇选择性降低，这与文献中报道的结果是一致的[24,114-115]。事实上,升高温度利于 CO_2 的活化和转化,但是由于逆水煤气变换反应为吸热反应且具有更高的活化能,因此温度的升高对产物 CO 收率的增加比 CH_3OH 更明显。液相还原法制备的催化剂比共沉淀法得到的催化剂具有更高的催化活性,尤其是 CH_3OH 选择性的提高非常明显。在 503 K,CZZ-5 催化剂上 CH_3OH 选择性高达 66.8%,比 CZZ-0 催化剂高出 22.1%。在 543 K,CZZ-5 催化剂上获得最高的 CH_3OH 时空收率,达到 $0.21\ g \cdot mL^{-1} \cdot h^{-1}$,其中 CO_2 转化率为 23%,CH_3OH 选择性为 56.8%。随着还原剂用量的增加,CZZ-3、CZZ-5、CZZ-7 3 种样品中催化剂的 CO_2 转化率和甲醇选择性都是先增后减,CZZ-5 具有最高的活性。B/Cu=5 为 $NaBH_4$ 最佳用量。

表 3-4　Cu/ZnO/ZrO₂ 催化剂的 CO₂ 加氢合成甲醇的催化性能

温度/K	样品	CO₂ 转化率/%	选择性/%		CH₃OH 时空收率 /(g·mL⁻¹·h⁻¹)
			CH₃OH	CO	
503	CZZ-0	16.7	54.7	45.3	0.14
	CZZ-3	15.0	62.3	37.7	0.14
	CZZ-5	15.4	66.8	33.2	0.16
	CZZ-7	14.4	60.9	39.1	0.13
523	CZZ-0	20.3	53.3	46.7	0.17
	CZZ-3	20.0	57.4	42.6	0.18
	CZZ-5	21.0	59.4	40.6	0.19
	CZZ-7	19.4	56.5	43.5	0.17
543	CZZ-0	22.2	51.8	48.2	0.18
	CZZ-3	21.9	54.4	45.6	0.19
	CZZ-5	23.0	56.8	43.2	0.21
	CZZ-7	21.7	53.3	46.7	0.18

注:反应条件:$p=5.0\ MPa$, $H_2:CO_2=3:1$, $GHSV=4\ 600\ h^{-1}$。

基于 CO_2 加氢合成甲醇的双活性位机制,暴露的金属铜比表面积是影响催化剂活性的重要因素,因此众多研究者对金属铜比表面积与催化活性的关系进行了大量研究报道[24,26,115,126]。在本实验中,503 K 时 CO_2 的转化率随着金属铜比表面积的增加而增加(图 3-12),这是由于金属 Cu 原子暴露的数量越多,就会活化解离更多的 H_2,氢原子通过氢溢流传递到 Cu/ZnO 和 Cu/ZrO₂ 界面,促进了 CO_2 的加氢反应。升高反应温度后,CZZ-0 催化剂 CO_2 转化率的增加量远小于 CZZ-3~CZZ-7 催化剂;液相还原法制备的 CZZ-3、CZZ-5、CZZ-7 催化剂在 523 K、543 K 下 CO_2 转化率随金属铜比表面积的变化趋势与 503 K 规律一致。可能的原因如下：在热力学上，升高反应温度对提高 CO_2 转化率是有利的；同时，高反应温度下金属铜颗粒的聚集与烧结作用加剧，对 CO_2 的活化是不利的。两个矛盾因素共同决定着 CO_2 转化率的变化。本书 3.3 节中 XRD 结果指出，液相还原对铜颗粒在热处理过程中的长大聚集起到缓冲作用，且 $NaBH_4$ 用量越多，这种缓冲作用越明显。升高反应温度对液相还原法所制备催化剂中铜物种的聚集与烧结作用影响较小，因此，提高反应温度时，CZZ-3～CZZ-7 催化剂 CO_2 转化率的增加量远大于 CZZ-0 催化剂。

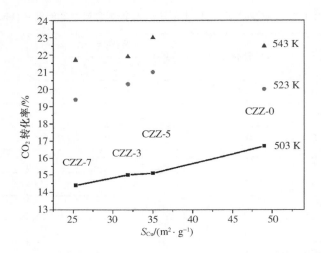

图 3-12　Cu/ZnO/ZrO$_2$ 催化剂中 CO_2 转化率和金属铜比表面积的关系

在本实验中，甲醇选择性随着 $NaBH_4$ 用量的增加是先增后减的。影响甲醇选择性的因素众多，至今仍没有统一的定论。Rhodes 等考察了 Cu/ZrO$_2$ 催化剂中 ZrO$_2$ 晶相对合成甲醇反应活性和选择性的影响，结果发现 Cu/m-ZrO$_2$ 催化剂的选择性远高于 Cu/t-ZrO$_2$ 催化剂，归因于 Cu/m-ZrO$_2$ 催化剂具有更高的氢溢流速率、甲酸盐生成和还原速率[127]。Gao 等合成了不同 Zr 含量的以水滑石为前驱体的 Cu/Zn/Al/Zr 催化剂，得出甲醇的选择性与催化剂表面碱性位的分布有关[32]。在本实验中，CH_3OH 选择性是随着碱性位数量增加而增加的。为了更好地解释两者之间的关系，图 3-13 给出了甲醇选择性与碱性位数量变化的关系图。从图 3-13 可以看出，CH_3OH 选择性与碱性位的总数量是正相关的。

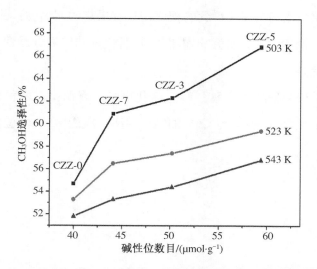

图 3-13　Cu/ZnO/ZrO$_2$ 催化剂中 CH$_3$OH 选择性和碱性位数量的关系

在 CO$_2$ 加氢合成甲醇反应中,金属 Cu 与碱性载体存在协同作用,这种"双活性位"机制已得到研究者的普遍认可。酸性气体 CO$_2$ 在具有碱性位的 ZnO 和 ZrO$_2$ 表面活化吸附,H$_2$ 在金属 Cu 表面发生解离吸附,原子氢通过氢溢流作用转移到 Cu/ZnO 和 Cu/ZrO$_2$ 界面上,活化的 CO$_2$* 和 H* 结合生成活性中间物种甲酸盐,然后分步加氢,最终生成甲醇。在本实验中,CO$_2$ 的转化率与金属铜比表面积相关,甲醇选择性与碱性位的数量相关,这些结果与双活性位机制吻合。

3.8　小结

本章采用液相还原法合成了系列 Cu/ZnO/ZrO$_2$ 催化剂用于 CO$_2$ 加氢制甲醇反应,并与传统的气相还原的催化剂进行了对比;同时考察了 NaBH$_4$ 用量对催化剂物化性质和结构、性能的影响。得出以下结论:

(1)与传统共沉淀法相比,液相还原法制备的催化剂具有更小的金属铜颗粒、更低的还原温度、更多的碱性位数量。

(2)不同于共沉淀法中各元素的均匀分布,液相还原法制备的催化剂出现了元素分离现象,NaBH$_4$ 对铜的还原作用削弱了 Cu 元素与其他组分的相互作用,Cu、Zr 元素在球形颗粒表面聚集,而脱离束缚的 ZnO 则由无定形态转化为晶相良好的棒状颗粒。

（3）液相还原法比共沉淀法得到的催化剂具有更高的 CO_2 加氢活性，尤其是甲醇选择性显著增加。随着 B/Cu 比值的增加，CO_2 转化率和甲醇选择性先增后减，CZZ-5 具有最高的催化活性。

（4）液相还原法制备的催化剂上 CO_2 转化率与金属铜比表面积相关，甲醇选择性随着碱性位数量的增加而增加，与 CO_2 加氢制甲醇反应的"双活性位"机制吻合。

第4章 焙烧温度对 Cu/Zn/Al/Zr 催化剂结构和性能的影响

4.1 引言

  液相还原法制备的催化剂在 CO_2 加氢合成甲醇反应中表现出了更高的催化活性，尤其是甲醇选择性有明显的提高。由于金属铜具有低的 Hüttig 温度和 Tamman 温度，在焙烧过程中铜物种的聚集与烧结作用明显，因此选择合适的焙烧温度对铜基催化剂的制备具有重要意义[128-129]。有关焙烧温度对铜基催化剂物化性质和催化性能的影响，国内外研究者已进行了大量研究。然而，这些研究仅限于焙烧温度对含 Cu^{2+} 催化剂的影响[130-133]，有关焙烧温度对含有还原态铜物种催化剂影响的研究尚未见报道。液相还原法制备的催化剂中包含还原态的铜物种（Cu^0、Cu^+），在高温焙烧时，这些物种比 Cu^{2+} 更敏感，更容易发生聚集烧结。随着焙烧温度的变化，液相还原法制备的催化剂由于铜价态的复杂性可能会呈现出与常规催化剂不同的变化规律。因此，探究焙烧温度对液相还原法制备的催化剂结构和性能影响是非常有意义的。

  本章采用液相还原法合成了系列 Cu/Zn/Al/Zr 催化剂，并在不同温度（423 K、573 K、723 K、873 K）下焙烧后用于 CO_2 加氢制甲醇反应。通过采用 XRD、N_2 物理吸附、SEM、TG-MS、N_2O 化学吸附、XPS、H_2-TPR、CO_2-TPD 等表征手段，本书系统考察了焙烧温度对于催化剂结构和性能的影响。

4.2 实验部分

4.2.1 催化剂的制备

  将 $Cu(NO_3)_2 \cdot 3H_2O$、$Zn(NO_3)_2 \cdot 6H_2O$、$Al(NO_3)_3 \cdot 9H_2O$、$Zr(NO_3)_4 \cdot 5H_2O$

以物质的量比 6∶3∶0.5∶0.5 配制成 1 mol/L 的混合盐溶液；将 Na_2CO_3 配制成 1.2 mol/L 的沉淀剂溶液。用蠕动泵(Longer Pump,型号为 BT100-2J)将金属盐溶液和沉淀剂溶液同时逐滴加入去离子水(体积与金属混合盐溶液相同)中,在加热($T=$ 338 K)搅拌条件下沉淀,pH 保持在 7.0±0.2。以下操作分开进行。①滴加完毕后,于 338 K 搅拌状态下老化 2 h。经过洗涤、抽滤、干燥(真空条件、323 K、10 h)、焙烧(氮气保护、573 K、2 K/min、6 h)后,得到的材料记作 cCZAZ-573。②还原剂的溶液配制是将一定量的 $NaBH_4$(B/Cu=5)溶于 0.1 mol/L 的 NaOH 溶液中。沉淀结束后,排净体系内空气,在氮气气氛保护下用恒压滴液漏斗将还原剂溶液逐滴加入搅拌加热的共沉淀浆液中。滴加完毕后,体系在氮气气氛中于 338 K 搅拌状态下老化 2 h,然后多次用去离子水洗涤,最后一遍采用乙醇洗涤,抽滤直至无 Na^+ 检测出。滤饼于真空干燥箱中 323 K 温度下干燥 10 h,在氮气保护下于管式炉中焙烧 6 h,升温速率为 2 K/min,焙烧温度分别为 423 K、573 K、723 K、873 K。然后经压片、破碎、过筛得到 40～60 目的颗粒。最后得到的催化剂材料记作 CZAZ-x,其中 x 是指催化剂的焙烧温度。

4.2.2　催化剂表征

催化剂采用 XRD、N_2 物理吸附、SEM、TG-MS、N_2O 化学吸附、XPS、H_2-TPR、CO_2-TPD 等表征手段,详见本书 2.3 节。

4.2.3　催化剂评价

催化剂活性评价的实验装置、流程、产物分析以及数据计算与本书 2.4 节的描述一致。催化剂用量 1.0 mL,40～60 目颗粒；CZAZ-423、CZAZ-573、CZAZ-723、CZAZ-873 催化剂无须 H_2 还原过程直接进行性能评价。cCZAZ-573 催化剂须采用高纯氢气在大气压条件下于 503 K 还原 6 h 后进行性能评价。反应条件：CO_2∶$H_2=$ 1∶3,$T=$503 K、523 K、543 K,$p=$5 MPa,$GHSV=$4 600 h^{-1}。

4.3　催化剂织构性质

图 4-1 给出了 Cu/Zn/Al/Zr 催化剂的 XRD 图,在样品中观察到金属 Cu(JCPDS

♯ 04-0836)及 Cu$_2$O(JCPDS ♯ 05-0667)晶相的特征衍射峰,$2\theta=43.3°$、$50.4°$的衍射峰分别归属于金属铜(111)和(200)晶面的衍射。这说明液相还原过程将 Cu^{2+} 还原为 Cu$^+$ 和 Cu^0。此外,在样品中也观察到了 ZnO(JCPDS ♯ 36-1451)的衍射峰,而 Al$_2$O$_3$ 与 ZrO$_2$ 的晶相并未观察到,这可能是因为它们以高度分散或无定形态存在,或者颗粒太小低于 XRD 的检测限[134-135]。随着焙烧温度的升高,Cu 与 Cu$_2$O 的衍射峰强度呈连续增加,这是由于高温焙烧下颗粒长大造成的[136]。值得注意的是,CZAZ-873 样品中 Cu 的衍射峰在 $2\theta=43.3°$出现明显增强,说明在过高的焙烧温度下,金属铜颗粒出现急剧长大。

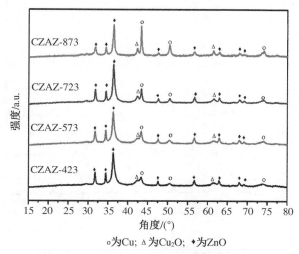

为Cu; △为Cu$_2$O; ◆为ZnO

图 4-1　Cu/Zn/Al/Zr 催化剂的 XRD 谱图 1

图 4-2 给出了催化剂经原料气(H$_2$：CO$_2$=3：1)503 K 处理 2 h 后的 XRD 谱图。可以看出,Cu$_2$O 的衍射峰消失,催化剂在原料气预处理过程中发生了二次气相还原。与图 4-1 相比,Cu 晶相的衍射峰强度明显增强,这是高温气相还原作用的结果。基于金属 Cu(111)晶面 Scherrer 公式计算得到的平均铜晶粒尺寸(表 4-1)结果表明,随着焙烧温度的升高,聚集与烧结作用增强,金属 Cu 颗粒的尺寸逐渐增加。

表 4-1　Cu/Zn/Al/Zr 催化剂的物化性质

样品	BET 比表面积/(m^2·g^{-1})		d_{Cu}[②]/nm	Cu 比表面积[③]/(m^2·g^{-1})	Cu$^+$/Cu^0 比例/%[④]
	焙烧后	活化后[①]			
CZAZ-423	52.0	55.0	16.4	12.6	0.22
CZAZ-573	50.8	53.8	17.6	18.6	0.39

（续表）

样品	BET 比表面积/(m² · g⁻¹)		d_{Cu}②/nm	Cu 比表面积③/(m² · g⁻¹)	Cu⁺/Cu⁰ 比例/%④
	焙烧后	活化后①			
CZAZ-723	33.9	38.9	19.2	15.1	0.27
CZAZ-873	21.7	24.1	22.2	8.4	0.08

注：① 样品采用原料气（H_2：CO_2＝3：1）于 503 K 温度活化 2 h。
② 以图 4-2 中 Cu(111)晶面为基准，经 Scherrer 公式计算所得。
③ N_2O 解离吸附计算所得。
④ 采用原料气于 503 K 活化后经 Cu LMM 俄歇光电子能谱分峰计算所得。

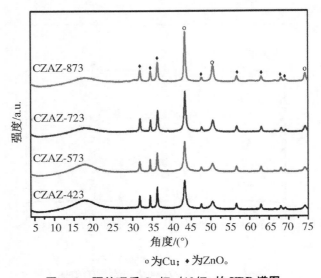

○为Cu；◆为ZnO。

图 4-2　预处理后 Cu/Zn/Al/Zr 的 XRD 谱图

　　不同焙烧温度的 Cu/Zn/Al/Zr 催化剂的物化参数列于表 4-1 中。随着焙烧温度的升高，催化剂的比表面积由 CZAZ-423 样品的 52.0 m² · g⁻¹ 降至 CZAZ-873 样品的 21.7 m² · g⁻¹，这说明焙烧温度对晶粒聚集增长以及结构坍塌的影响是显著的[25]。与焙烧后的样品相比，原料气处理后催化剂的比表面积略有增加。此外，焙烧温度在 573～873 K 时，由 N_2O 吸附得到的金属铜比表面积是依次递减的，与 BET 变化规律一致。值得注意的是，CZAZ-423 样品具有较小的 S_{Cu}，不符合上述规律。这可能是在进行 N_2O 吸附测量时，样品预先采用 10％（体积百分数）H_2/Ar 混合气在 503 K 下处理，由于 CZAZ-423 样品还原温度较高，503 K 处理后仍有部分未还原的铜物种，因此，CZAZ-423 样品在该测量条件下得到的 S_{Cu} 较小。

　　为了研究 Cu/Zn/Al/Zr 前驱体的热分解行为,进行了 TG-MS 测试。CZAZ 前驱体的失重量约为 12.9%;质谱分析结果显示,加热过程中释放的气体产物主要为 H_2O 和 CO_2。如图 4-3(b)所示,在整个热分解过程中,H_2O 呈现一个大的宽峰,而 CO_2 的峰非常弱,近乎水平;CZAZ 前驱体的失重主要归属于物理水与结合水的失重,微弱的波浪形 CO_2 峰来源于羟基碳酸盐剩余物的分解。以上结果表明液相还原过程已将绝大部分羟基碳酸盐物种转化为金属或金属氧化物,这与 XRD 结果一致。

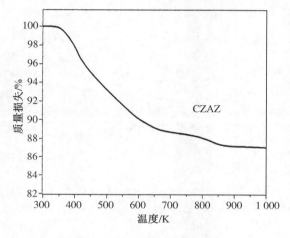

（a）前驱体的热重曲线

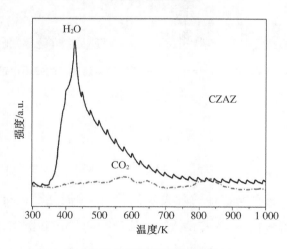

（b）前驱体的热分解气体产物质谱图

图 4-3　Cu/Zn/Al/Zr 前驱体的热重曲线和热分解气体产物质谱图

　　图 4-4 为 Cu/Zn/Al/Zr 催化剂在不同焙烧温度下的扫描电镜图。如图 4-4 所示,所有样品的形貌相似,均由球形颗粒和棒状颗粒组成。随着焙烧温度的升高,颗粒聚

集,尺寸增加;其中球形颗粒的粒径分布由 CZAZ-423 样品中的 30～60 nm 增加至 CZAZ-873 样品中的 50～120 nm,变化趋势与 N_2 吸脱附结果一致。图中的棒状颗粒是晶型完善的 ZnO 相[137],详细描述见本书 3.3 节中的 STEM-EDS 和 HRTEM 结果。

图 4-4　Cu/Zn/Al/Zr 催化剂在不同焙烧温度下的扫描电镜图

4.4　XPS 分析

为了考察催化剂表面铜物种的种类及其分布,对催化剂进行了 XPS 分析测试。图 4-5(a)是不同焙烧温度下 Cu/Zn/Al/Zr 催化剂的 Cu 2p 谱图,图中观察到了明显的 Cu $2p_{3/2}$ 及 Cu $2p_{1/2}$ 峰,并伴有卫星峰,但是卫星峰的强度非常弱且出现明显宽化。说明液相还原后,虽然大部分二价铜已被还原为 Cu^0 或 Cu^+,催化剂表面仍然存在未被还原的 Cu^{2+} 物种[138]。值得注意的是,图 4-5(a)中 Cu $2p_{3/2}$ 峰宽化且出现分叉,这是由催化剂表面铜物种价态的多样性造成的。Cu^0、Cu^+、Cu^{2+} 的 Cu $2p_{3/2}$ 峰的结合能范围分别位于 932.2～933.1 eV，932.0～932.8 eV，933.2～934.6 eV[139]。Cu $2p_{3/2}$ 峰可划分成两个对称的高斯峰：932.2 eV 处的高窄峰，归属于 Cu^0 和/或 Cu^+；934.5 eV 处的矮宽峰，归属于 Cu^{2+}[140]。图中高窄峰的面积明显高于矮宽峰的面积，说明 $NaBH_4$ 已经将大部分二价铜还原为 Cu^0 和/或 Cu^+。

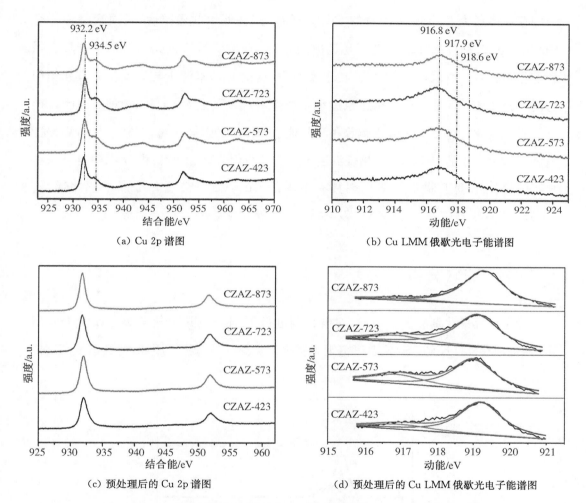

(a) Cu 2p 谱图

(b) Cu LMM 俄歇光电子能谱图

(c) 预处理后的 Cu 2p 谱图

(d) 预处理后的 Cu LMM 俄歇光电子能谱图

图 4-5　Cu/Zn/Al/Zr 催化剂的 Cu 2p 谱图、Cu LMM 俄歇光电子能谱图，以及预处理后的 Cu 2p 谱图、Cu LMM 俄歇光电子能谱图

为了进一步辨别催化剂表面铜价态的分布，图 4-5(b) 给出了催化剂的 Cu LMM 俄歇光电子能谱图。图中，在 916.8 eV 处呈现一个大的宽峰，说明 Cu^+ 是催化剂表面铜物种的主要存在形式，而 Cu^0（918.6 eV）和 Cu^{2+}（917.9 eV）由于表面含量低，难以在图中准确分辨。图 4-5(c) 给出了催化剂经原料气（H_2∶CO_2＝3∶1）503 K 预处理后的 Cu 2p 谱图，图中 Cu 2p 的卫星峰消失，表明催化剂表面的铜物种经过二次气相还原过程已经全部转换为 Cu^0 和/或 Cu^+。图 4-5(d)中的 Cu LMM 俄歇光电子能谱图在 916～921 eV 呈现一个宽泛的峰，经分峰拟合为两个高斯峰，在 918.6 eV 处呈现一个大的主峰，在 916.8 eV 处为一个小的肩峰。显然，气相还原后，催化剂表面的铜物种主要的存在形式为 Cu^0，并有少量的 Cu^+。通常，铜基催化剂还原后，表面铜物种具有 Cu^0 和 Cu^+ 两种价态，Cu^0 来源于易还原的 Cu^{2+}，而 Cu^+ 代表的是与其他组分具有强相互作用的带正电铜物种[140-141]。在本实验中，这些 Cu^+ 来源于与其他组分有强作用力的 Cu^{2+} 的还原，或者在液相还原过程中产生的难以还原为 Cu^0 的物种。因此，Cu^0 与 Cu^+ 的含量比值反映了表面铜物种与其他组分作用的强弱，Cu^+/Cu^0 比值可用作衡量相互作用大小的一个基准。焙烧温度会影响到各组分间相互作用，从图中也可以看出不同焙烧温度下制备的催化剂具有不同的 Cu^+/Cu^0 比值，并按以下顺序递增：CZAZ-873＜CZAZ-423＜CZAZ-723＜CZAZ-573（表 4-1）。

4.5 H$_2$-TPR 分析

为了研究催化剂的还原性能，对催化剂进行了 H$_2$-TPR 分析测试。如图 4-6 所示，催化剂在 420 K 到 550 K 温度范围内呈现了宽泛的不对称还原峰，将其进行高斯拟合分峰。

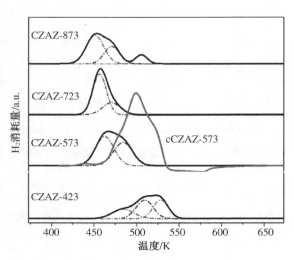

图 4-6 Cu/Zn/Al/Zr 催化剂的 H$_2$-TPR 图

共沉淀法与液相还原法制备的催化剂在还原行为上表现出较为明显的差异。其中，cCZAZ-573 样品中还原峰属于 CuO 的还原，H_2 消耗量大，还原温度高；而液相还原法制备的系列催化剂是 Cu^{2+} 和 Cu^+ 的还原，H_2 消耗量显著降低，由于组分间相互作用的削弱，还原温度向低温方向移动[137]。对于液相还原法制备的不同焙烧温度下的催化剂，随着焙烧温度的升高，初始还原温度降低。在催化剂的 TPR 还原峰中，宽化的峰代表多种铜物种或价态的存在，窄峰则是说明铜物种或者价态相对单一，具有相似的还原温度[76]。从图 4-6 可以看出，焙烧温度在 423 K 到 723 K 区间内还原峰的峰型逐渐变窄，说明随着焙烧温度的升高，铜颗粒开始聚集，铜物种的分布变得集中。

4.6　CO_2-TPD 分析

经原料气预处理后催化剂的 CO_2-TPD 结果如图 4-7 所示。图中的宽峰根据温度区间可分为三个脱附峰，代表了三种碱性位。低温脱附峰为弱碱性位，来源于表面 OH^- 基团；中温脱附峰代表中强碱性位，是由金属-氧离子对（如 Zn-O，Zr-O 等）产生的；高温脱附峰属于强碱性位，由低配位的不饱和氧原子产生[32,125]。除了 CZAZ-423 样品的高温脱附峰温度较低以外，其他三个样品在脱附峰位置上没有明显差异。显然，焙烧温度对催化剂的三种碱性位强度的影响很小。然而，焙烧温度对于碱性位数量的影响却是显著的，随着焙烧温度的升高，脱附峰的面积在明显减小。

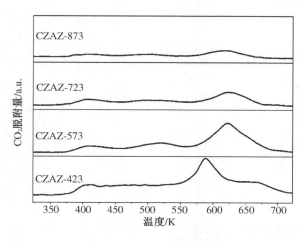

图 4-7　预处理后 Cu/Zn/Al/Zr 催化剂的 CO_2-TPD 图

4.7 活性评价

不同焙烧温度的 Cu/Zn/Al/Zr 催化剂的 CO_2 加氢合成甲醇的活性列于表 4-2。如表 4-2 所示,随着反应温度的升高,CO_2 转化率逐渐增加而 CH_3OH 选择性逐渐降低。对于相同反应条件下的催化剂而言,随着焙烧温度的升高,CH_3OH 时空收率先增后减,所以催化剂的活性先增后减,CZAZ-573 具有最高的 CH_3OH 时空收率。在 543 K 条件下,CZAZ-573 催化剂获得最高的 CH_3OH 时空收率,达到 $0.21\,g \cdot mL^{-1} \cdot h^{-1}$,其中 CO_2 转化率为 24.5%,CH_3OH 选择性为 57.6%。

表 4-2　Cu/Zn/Al/Zr 催化剂的 CO_2 加氢合成甲醇的催化性能

反应温度/K	样品	CO_2 转化率/%	选择性/%		CH_3OH 时空收率 /$(g \cdot mL^{-1} \cdot h^{-1})$
			CH_3OH	CO	
503	CZAZ-423	15.2	59.4	40.6	0.14
	CZAZ-573	17.3	62.1	37.9	0.16
	cCZAZ-573	17.7	57.5	42.5	0.15
	CZAZ-723	16.2	60.3	39.7	0.15
	CZAZ-873	10.9	53.0	47.0	0.09
523	CZAZ-423	19.8	57.6	42.4	0.18
	CZAZ-573	22.0	60.9	39.1	0.20
	cCZAZ-573	21.1	55.4	44.6	0.18
	CZAZ-723	20.9	58.1	41.9	0.19
	CZAZ-873	18.9	51.9	48.1	0.15
543	CZAZ-423	21.3	52.9	47.1	0.18
	CZAZ-573	24.5	57.6	42.4	0.21
	cCZAZ-573	23.4	52.0	48	0.18
	CZAZ-723	22.8	54.4	45.6	0.19
	CZAZ-873	20.5	40.1	59.9	0.13

注:反应条件:$p = 5.0\,MPa$, $H_2 : CO_2 = 3 : 1$, $GHSV = 4\,600\,h^{-1}$。

由传统共沉淀法制备的 cCZAZ-573 催化剂的催化活性也列于表 4-2 中。从表 4-2 可以看出,较低反应温度下,共沉淀法制备的催化剂具有更高的 CO_2 转化率,随着反应温度的升高，CZAZ-573 催化剂的 CO_2 转化率逐渐高于 cCZAZ-573 催化剂；在考察的三个反应温度下，CZAZ-573 催化剂的 CH_3OH 选择性均高于 cCZAZ-573 催化剂。液相还原法制备的催化剂在 CO_2 加氢合成甲醇反应中表现出更优异的催化活性，尤其是甲醇选择性，这归因于其具有更小的铜颗粒尺寸和更多的碱性位数量。

4.8　催化剂的稳定性

本节选取催化活性最高的 CZAZ-573 催化剂进行了 1 000 h 的 CO_2 加氢合成甲醇稳定性测试，结果见图 4-8。在 1 000 h 运行过程中，CZAZ-573 催化剂的 CO_2 转化率和甲醇选择性均保持稳定，未见失活现象，说明液相还原法制备的催化剂具有良好的稳定性。

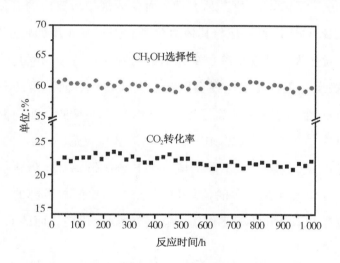

图 4-8　CZAZ-573 催化剂的 1 000 h 稳定性测试

前面提出的双活性位机制已得到了研究者的普遍认可，在 CO_2 加氢合成甲醇反应中，铜基催化剂的活性与暴露的金属铜比表面积密切相关。在本章中，S_{Cu} 随着焙烧温度的升高先增后减，CO_2 的转化率也随着焙烧温度的变化呈现相同的规律（图 4-9）。CO_2 转化率随 S_{Cu} 的增加而增加，然而，它们之间并不是简单的线性关系，这与文献报道是一致的[71,142-143]。以上结果表明，在 CO_2 加氢合成甲醇反应中，必定还有其他因素影响催化剂的活性。

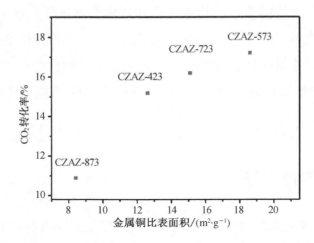

图 4-9　Cu/Zn/Al/Zr 催化剂中 CO₂ 转化率和金属铜比表面积的关系

催化剂表面的 Cu^0 和 Cu^+ 位点对于 CO_2 加氢合成甲醇反应的催化活性是至关重要的。与 Cu^0 相比，Cu^+ 代表的是与其他组分具有强相互作用的带正电铜物种，因此 Cu^0/Cu^+ 的比值常作为一个重要参数来评估铜物种与其他金属氧化物的作用。事实上，逆水煤气变换反应更容易发生在金属铜位点（Cu^0）上，而不是部分氧化的铜物种（Cu^+）上。Toyir 等制备了具有高选择性的 Ga 修饰的铜基催化剂，并将其高选择性归因于 Cu^+ 的存在[85]。Saito 等指出，在多组分铜锌基催化剂中，当 $Cu^+/Cu^0 = 0.7$ 时，催化剂活性最好[144]。本实验中，不同焙烧温度下 Cu/Zn/Al/Zr 催化剂的 Cu^0/Cu^+ 值与甲醇选择性的变化规律是一致的，说明 Cu^0/Cu^+ 的比值与甲醇的生成具有密切关系。焙烧温度会影响组分间的相互作用，从而影响到催化剂表面的 Cu^0/Cu^+ 比值，最终对甲醇的选择性产生影响。

4.9　小结

本章采用液相还原法制备了 Cu/Zn/Al/Zr 催化剂，在不同温度下焙烧后用于 CO_2 加氢合成甲醇反应。基于实验结果，得出以下结论：

液相还原法制备的 Cu/Zn/Al/Zr 催化剂包含三种价态的铜物种（Cu^{2+}、Cu^+、Cu^0），其中，Cu^+ 是催化剂表面铜物种的最主要存在形式。随着焙烧温度的升高，催化剂的比表面积减小，碱性位数量减少，而金属铜颗粒的尺寸由于聚集作用的加剧却逐渐增大。此外,焙烧温度还会影响各组分间相互作用及表面铜物种的分布,最终导致还原性能和 Cu^+/Cu^0 比值的差异。随着焙烧温度的升高,CO_2 转化率和甲醇选择性呈"火山型"变化趋势,CZAZ-573 催化剂表现出最高的 CO_2 加氢制甲醇活性,甲醇时空收率高于同等条件下共沉淀法制备的 cCZAZ-573 催化剂。543 K 温度下反应时,CZAZ-573 催化剂的 CO_2 转化率高达 24.5%,甲醇选择性高达 57.6%,甲醇时空收率为 0.21 g·mL^{-1}·h^{-1}。此外,还发现高的金属铜比表面积利于 CO_2 的活化与转化,合适的焙烧温度可获得高的 Cu^+/Cu^0 比值,高 Cu^+ 含量对甲醇的生成是有利的。

第 5 章　焙烧与液相还原顺序对 Cu/Zn/Al/Zr 催化剂结构和性能的研究

5.1　引言

　　焙烧、还原等热处理过程对催化剂物化性质和催化活性的影响至关重要,对铜基催化剂的影响尤为明显[50,98,120,145-146]。通常,采用共沉淀法制备催化剂时,先通过焙烧过程稳定催化剂组成、强化组分间相互作用、提高机械强度,然后采用 H_2 进行气相还原反应。液相还原法制备催化剂的常规流程如第 3 章和第 4 章所述:首先,$NaBH_4$ 还原后获得含有三种铜价态(Cu^0、Cu^+、Cu^{2+})的催化剂,惰性气氛下焙烧后无须进行 H_2 还原反应,直接通入原料气进行活性评价。由于金属铜具有低的 Hüttig 温度和 Tamman 温度,高温热处理时,还原态铜物种比 Cu^{2+} 更敏感,因此在焙烧过程中聚集与烧结现象显著。所以,应当尽可能地减少对还原态铜物种的热处理过程。为了缓解对还原态铜物种的烧结作用,本书将焙烧过程作用于氧化态铜物种,即焙烧过程发生在液相还原之前。前面章节提到,$NaBH_4$ 只对 Cu 组分有还原作用,液相还原过程会将 Cu 组分从共沉淀浆液中迁移出来,削弱它与其他组分间的相互作用[137]。若将焙烧过程置于液相还原反应前,可以加强 Cu 组分与其他元素的相互作用,减少液相还原反应导致的 Cu 组分的迁移,此外,该工艺还避免了将高温焙烧过程作用于还原态的铜物种。

　　本章旨在采用液相还原法制备催化剂的过程中,优化焙烧与还原的顺序,将焙烧的作用对象从含三种铜价态(Cu^0、Cu^+、Cu^{2+})的催化剂转移到氧化态铜物种,并采用 XRD、N_2 物理吸附、TEM、TG-MS、N_2O 化学吸附、XPS、H_2-TPR、CO_2-TPD 等表征手段对热处理顺序改变的影响进行了系统考察。此外,探究了液相还原法制备的不焙烧催化剂。

5.2　实验部分

5.2.1　催化剂的制备

将 $Cu(NO_3)_2 \cdot 3H_2O$、$Zn(NO_3)_2 \cdot 6H_2O$、$Al(NO_3)_3 \cdot 9H_2O$、$Zr(NO_3)_4 \cdot 5H_2O$ 以物质的量比 $6:3:0.5:0.5$ 配成 $1\ mol/L$ 的混合盐溶液；将 Na_2CO_3 配成 $1.2\ mol/L$ 的沉淀剂溶液。用蠕动泵(Longer Pump,型号为 BT100-2J)将金属盐和沉淀剂溶液同时逐滴加入去离子水中,在加热($T=338\ K$)搅拌条件下沉淀,pH 保持在 7.0 ± 0.2。将一定量的 $NaBH_4$($B/Cu=5$)溶于 $0.1\ mol/L$ 的 NaOH 溶液配成还原剂溶液。以下操作分开进行。①沉淀结束后,排净空气,氮气保护下用恒压滴液漏斗将还原剂溶液逐滴加入搅拌加热的共沉淀浆液中。滴加完毕后,在氮气气氛中于 338 K 搅拌状态下老化 2 h。然后多次用去离子水洗涤,最后采用乙醇洗涤。滤饼于真空干燥箱中 323 K 温度下干燥 10 h,干燥后材料记作 CZAZ;在氮气保护下于管式炉中 573 K 焙烧 6 h,升温速率为 2 K/min,最后得到的催化剂材料记作 CZAZ-573。②沉淀结束后,于 338 K 搅拌状态下老化 2 h。经过洗涤、抽滤、干燥(真空条件、323 K、10 h)、焙烧(氮气保护、573 K、2 K/min、6 h)后,得到的材料记作 cCZAZ-573。将 cCZAZ-573 样品磨细,配制成悬浮液溶液。排净空气后,氮气保护下将还原剂溶液逐滴加入搅拌加热的悬浮液中。滴加完毕后,相同条件下老化 2 h。最后在与 CZAZ-573 样品相同的条件下洗涤、抽滤、干燥,该样品记作 573-CZAZ。

5.2.2　催化剂表征

催化剂采用 XRD、N_2 物理吸附、TEM、TG-MS、N_2O 化学吸附、XPS、H_2-TPR、CO_2-TPD 等表征手段,详见本书 2.3 节。

5.2.3　催化剂评价

催化剂活性评价的实验装置、流程、产物分析以及数据计算与本书 2.4 节的描述一致。催化剂用量 1.0 mL,40～60 目颗粒;CZAZ-573、573-CZAZ 催化剂无须 H_2 还原过程直接进行性能评价。反应条件：$CO_2:H_2=1:3$,$T=503\ K$、$523\ K$、$543\ K$,$p=5\ MPa$,$GHSV=4\ 600\ h^{-1}$。

5.3 结果与讨论

5.3.1 催化剂织构性质

图 5-1(a)为催化剂的 XRD 图,在 CZAZ-573 及 573-CZAZ 样品中观察到了金属 Cu(JCPDS ♯ 04-0836)的特征衍射峰;仅在 CZAZ-573 样品中检测到 Cu_2O(JCPDS ♯ 05-0667)的晶相。Cu_2O 在 573-CZAZ 样品中是高度分散的,而 CZAZ-573 样品中发生在液相还原后的高温焙烧使 Cu_2O 发生聚集。值得注意的是,两个样品中 ZnO (JCPDS ♯ 36-1451)的衍射峰有显著不同:CZAZ-573 样品中的 ZnO 衍射峰强度高,结晶度良好;573-CZAZ 样品中的 ZnO 衍射峰出现宽化,强度弱。说明在 CZAZ-573 样品中,液相还原过程削弱了铜锌间相互作用力,使 ZnO 生成结晶度高的晶体;而在 573-CZAZ 样品中,焙烧过程强化了各组分间的相互作用,且后续的液相还原过程很难破坏这种强相互作用,所以 ZnO 分散度较高,晶型较差。图 5-1(b)是催化剂气相还原处理($H_2:CO_2=3:1$,$T=503\,K$,$t=2\,h$)后的 XRD 图,Cu_2O 晶相消失,金属 Cu 的衍射峰强度显著增加。采用 Scherrer 公式对金属 Cu(111)晶面计算得到的平均铜晶粒尺寸结果(表 5-1)显示,573-CZAZ 样品的 d_{Cu} 值要比 CZAZ-573 样品约小 21%,这说明 573-CZAZ 样品中的焙烧过程通过强化组分间相互作用稳定了铜物种的存在,使之高度分散,因此在原料气活化过程中表现出更强的抗烧结性能。

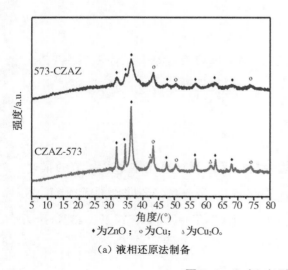

（a）液相还原法制备

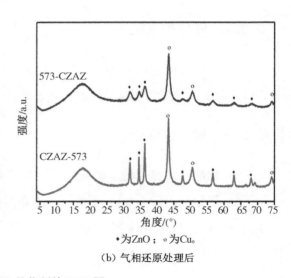

（b）气相还原处理后

图 5-1 Cu/Zn/Al/Zr 催化剂的 XRD 图

表 5-1　Cu/Zn/Al/Zr 催化剂的物化参数

样品	BET 比表面积 /(m²·g⁻¹)	平均孔径 /nm	d_{Cu}[①] /nm	Cu 比表面积[②] /(m²·g⁻¹)
CZAZ-573	51.8	20.9	17.6	18.6
573-CZAZ	58.3	16.2	13.9	23.2

注：① 以图 5-1(b)中 Cu(111)晶面为基准，经 Scherrer 公式计算所得。
　　② N₂O 解离吸附计算所得。

催化剂的比表面积、平均孔径，以及由 N₂O 解离吸附得到的金属 Cu 比表面积已列于表 5-1 中。结果显示，573-CZAZ 样品具有更大的催化剂比表面积、金属铜比表面积，以及更小的孔尺寸，说明焙烧与还原顺序对催化剂的物化参数具有较大的影响。

从图 5-2 催化剂的透射电镜图可知，CZAZ-573 样品是由球形颗粒和棒状颗粒组成的，其中球形颗粒的粒径分布范围为 20～50 nm，棒状颗粒由 ZnO 组成[137,147]，长度为 200～400 nm。为了更清晰认识焙烧与液相还原顺序对催化剂形貌的影响，图 5-2 给出了传统共沉淀法制备的 cCZAZ-573 催化剂的电镜图，样品由无定形态的球形颗粒组成。改变热处理顺序后的 573-CZAZ 样品，其电镜图与传统共沉淀法制备的催化剂形貌相似，由球形颗粒组成，未见棒状颗粒。对 CZAZ-573 样品而言，NaBH₄ 只能将共沉淀混合液中的铜元素还原，削弱了各组分间的相互作用，导致元素迁移现象，失去束缚的 ZnO 则生成晶型完善的棒状颗粒。而对于 573-CZAZ 样品来说，液相还原的作用对象是共沉淀法制备的 cCZAZ-573 催化剂，由于焙烧过程已经使得各组分间具有强相互作用，后续的液相还原难以破坏这种作用力，故 573-CZAZ 样品的形貌与 cCZAZ-573 相似，由各组分具有强相互作用的均匀的球形颗粒组成。

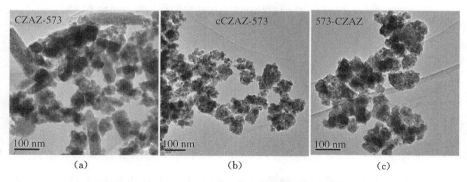

图 5-2　Cu/Zn/Al/Zr 催化剂的透射电镜图

为了研究材料的热分解行为,本节进行了 TG-DTG 分析测试,并将热分解过程中的气体产物记录于图 5-3(b)。CZAZ 是液相还原后未焙烧的材料,而 573-CZAZ 是经历过焙烧、液相还原过程的样品。事实上,在 CZAZ-573 和 573-CZAZ 样品中液相还原过程的作用对象是不同的,在 CZAZ-573 样品中,作用对象为羟基碳酸盐物种,而 573-CZAZ 样品中焙烧的作用对象为含少量羟基碳酸盐残留物的金属氧化物。如图 5-3(a)所示,CZAZ 样品在初期具有较快的失重速率,CZAZ 样品的失重量(12.9%)与 573-CZAZ 样品的失重量(12.4%)几乎相同。如图 5-3(b)所示,在整个热分解过程中,样品的失重主要为 H_2O 的失重,分解释放的 CO_2 量极少。综上,液相还原后的 CZAZ 样品的失重与焙烧、液相还原后的 573-CZAZ 样品非常相似。以上实验结果说明,液相还原对前驱体的分解转化较彻底,将羟基碳酸盐分解转化为金属或金属氧化物,这种分解作用的力度与 573 K 温度下的焙烧是可以相提并论的。

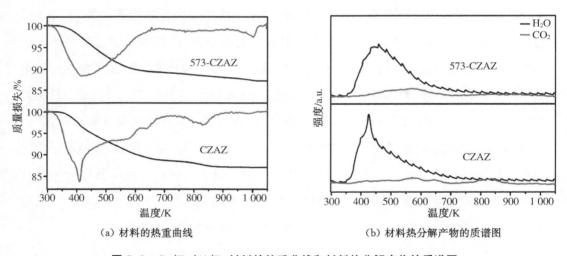

(a) 材料的热重曲线   (b) 材料热分解产物的质谱图

图 5-3   Cu/Zn/Al/Zr 材料的热重曲线和材料热分解产物的质谱图

5.3.2   XPS 分析

图 5-4 为 CZAZ-573 与 573-CZAZ 样品的 XPS 分析测试结果,用于研究催化剂表面铜物种的价态及其分布。如图 5-4 所示,样品的 Cu $2p_{3/2}$ 及 Cu $2p_{1/2}$ 峰仍伴有强度较弱且出现宽化的卫星峰。说明在液相还原过程中,$NaBH_4$ 对铜物种的还原并不彻底。由于催化剂表面具有多种铜价态,Cu $2p_{3/2}$ 峰宽化且出现分叉现象。Cu^0、Cu^+、Cu^{2+} 的 Cu $2p_{3/2}$ 峰的结合能范围分别位于 $932.2\sim933.1$ eV,$932.0\sim932.8$ eV,

933.2～934.6 eV[148]。将 Cu 2p$_{3/2}$ 峰划分为两个高斯峰：932.3 eV 处的峰,归属于 Cu^0 和/或 Cu$^+$,记作 S$_1$ 峰;934.5 eV 处的峰,归属于 Cu^{2+},记作 S$_2$ 峰。如图 5-4 所示,两个样品的 S$_1$ 与 S$_2$ 相对比例明显不同,说明热处理顺序的改变导致表面铜物种的分布存在差异。CZAZ-573 样品表面铜物种主要为 Cu^0 和/或 Cu$^+$,而 573-CZAZ 样品表面具有更多的 Cu^{2+}。对 CZAZ-573 样品而言,液相还原的作用对象是液相环境中的羟基碳酸盐物种,容易还原且还原程度高;而 573-CZAZ 样品中液相还原的作用对象为固体金属氧化物,由于 CuO 与其他组分作用力较强,难以被还原,未还原的 Cu^{2+} 数量较多。综上,焙烧与还原顺序的改变对催化剂铜物种的分布及还原程度产生了显著的影响。

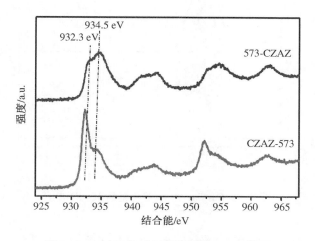

图 5-4　Cu/Zn/Al/Zr 催化剂的 Cu 2p 谱图

5.3.3　H$_2$-TPR 分析

图 5-5 所示为催化剂的 H$_2$-TPR 图,573-CZAZ 样品的还原峰面积大于 CZAZ-573 样品,即 573-CZAZ 样品具有更多的未还原铜物种,这与上述 XPS 结果是一致的。此外,CZAZ-573 样品还原峰的峰型较窄,表明该样品中铜物种在种类和分布上较为单一。尽管液相还原过程使得铜物种在价态(Cu^0、Cu$^+$、Cu^{2+})和聚集态(表相、体相)上具有多样性,但是后续的焙烧导致铜物种聚集,使得分布均一化。而 573-CZAZ 样品还原峰明显出现宽化,由于该样品中液相还原过程后没有经过焙烧等高温热处理过程,铜物种的多样性被保留下来。高的铜分散度的催化剂通常具有低的

起始还原温度,这是由于在铜氧化物还原过程中,小的颗粒具有更快的反应速度,导致起始还原温度较低[111-112]。在573-CZAZ样品中观察到了低温还原峰α,这说明焙烧过程强化了铜组分与金属氧化物的作用,在一定程度上阻止了铜组分的聚集与烧结,因而具有更高的分散度。然而,若将焙烧过程置于液相还原后,高温处理会加速铜物种的烧结,从而生成大的CuO/Cu_2O颗粒,导致还原速率低,这与CZAZ-573样品中未出现低温还原峰α现象吻合。综上,还原与焙烧顺序对铜物种的表面分布及分散度具有重要影响。

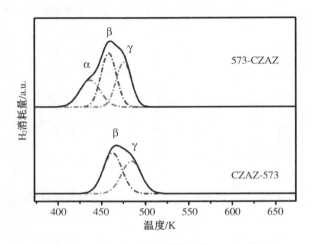

图5-5 Cu/Zn/Al/Zr催化剂的H_2-TPR图

5.3.4 CO_2-TPD分析

催化剂的CO_2-TPD结果如图5-6所示,在323～723 K温度范围内有3个CO_2脱附峰,即3种强度不同的碱性位。低温脱附峰α代表弱碱性位,源于表面OH^-基团;中温脱附峰β为中强碱性位,是由金属-氧离子对(如Zn-O,Zr-O等)产生的;高温脱附峰γ属于强碱性位,源于低配位的不饱和氧原子[32,125]。两个样品的CO_2脱附峰面积大小相似,说明改变还原与焙烧的顺序后对碱性位数量几乎没有影响,但573-CZAZ样品的中强碱性位β向低温方向移动。中强碱是由ZnO、ZrO等提供的,其中ZnO为主要贡献者,因此两个样品中组分间作用力的差异造成ZnO周围化学环境的差异,从而影响其酸碱性。显然,CZAZ-573样品中的棒状ZnO比573-CZAZ样品中结晶度差的无定型ZnO颗粒具有更强的中等碱性位。

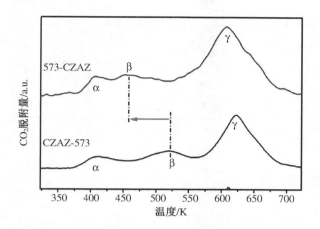

图 5-6　气相处理后 Cu/Zn/Al/Zr 催化剂的 CO_2-TPD 图 1

5.3.5　活性评价

两个样品在 CO_2 加氢合成甲醇反应中均表现出优异的催化活性,在上述反应条件下甲醇选择性均在 60% 以上,如表 5-2 所示。573-CZAZ 样品的 CO_2 转化率与甲醇选择性略高于 CZAZ-573 样品。先焙烧后液相还原,确实减缓了铜物种的聚集,提高了金属铜的比表面积及分散度,增强了铜组分与其他金属氧化物的相互作用,这些因素都是与催化活性密切相关的。然而,催化剂在反应活性上的提高非常小,这可能是由于催化剂上中强碱性位的强度减弱造成的。根据 CO_2 加氢合成甲醇的双活性位机制,铜活性位的作用是解离吸附 H_2,并通过氢溢流将原子氢传递到载体上;ZnO 和 ZrO_2 等碱性载体的作用是吸附 CO_2,并通过分步加氢促进中间产物甲酸盐的生成。在 CO_2 加氢的一系列基元反应中,一般认为发生在碱性载体上的甲酸盐加氢是控速步骤,而 573-CZAZ 样品中 ZnO 具有相对差的 CO_2 吸附能力,这对 CO_2 的活化转化是不利的。最终,这两种竞争因素使得两个催化剂的活性差距非常小。

表 5-2　Cu/Zn/Al/Zr 催化剂的 CO_2 加氢合成甲醇的催化性能 2

温度/K	样品	CO_2 转化率/%	选择性/%		CH_3OH 时空收率/$(g \cdot mL^{-1} \cdot h^{-1})$
			CH_3OH	CO	
503	CZAZ-573	17.1	62.1	37.9	0.16
	573-CZAZ	17.9	63.8	36.2	0.17

（续表）

温度/K	样品	CO_2 转化率/%	选择性/%		CH_3OH 时空收率/(g·mL^{-1}·h^{-1})
			CH_3OH	CO	
523	CZAZ-573	22.0	60.9	39.1	0.21
	573-CZAZ	22.8	62.1	37.9	0.22

注：反应条件：$p=5.0$ MPa，$H_2 : CO_2 = 3 : 1$，$GHSV = 4\,600$ h^{-1}。

5.3.6　催化剂的稳定性

如图 5-7，在 $p=5.0$ MPa、$H_2 : CO_2 = 3 : 1$、$T=523$ K、$GHSV=4\,600$ h^{-1} 反应条件下，CZAZ-573 及 573-CZAZ 催化剂运行 $1\,000$ h 后，CO_2 转化率和甲醇选择性均保持稳定值，未见失活现象。说明液相还原法制备的催化剂具有良好的稳定性。

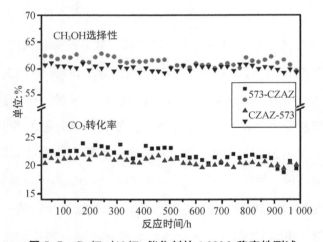

图 5-7　Cu/Zn/Al/Zr 催化剂的 $1\,000$ h 稳定性测试

5.4　液相还原法制备的不焙烧催化剂的研究

5.4.1　引言

在制备催化剂过程中，干燥后的材料需经过焙烧过程来分解前驱体，稳定催化剂的组成，提高催化剂的机械强度，增强各组分之间的相互作用。铜基催化剂的焙烧通常需在较高温度（>573 K）下进行，会引起铜物种的聚集与烧结，降低铜组分的利用效

率,因此尽可能地减少或简化高温热处理步骤是铜基催化剂的重点研究方向。

在此,本节对共沉淀法和液相还原法制备的催化剂的失重过程进行了对比。图5-8 为共沉淀法制备的 cCZAZ 前驱体材料和液相还原法制备的 CZAZ 材料的 TG-MS 谱图。共沉淀法制备的前驱体材料 cCZAZ 是具有锌孔雀石结构的羟基碳酸盐,失重量约为 27.5%,失重过程主要分为三个阶段:W1 为物理水失重[112];W2 为锌孔雀石的分解[137];W3 属于稳定的 Cu/Zn 碳酸氧盐的分解[135]。图5-8(b)记录了失重过程中气相产物的分解情况:W1、W2 阶段检测到 H_2O 的分解;W2、W3 阶段检测到 CO_2 的分解。液相还原法制备的 CZAZ 材料的失重量约为 12.9%,主要为物理水和化学水的失重,整个过程中 CO_2 的释放量极少。本书 4.3 节和 5.3 节已经指出,$NaBH_4$ 对前驱体的分解作用较为彻底,液相还原过程已将绝大部分羟基碳酸盐物种转化为金属和金属氧化物,催化剂具有较稳定的组成。

总之,传统共沉淀法制备的前驱体材料通常需经高温焙烧过程才能得到稳定催化剂组成,而液相还原法制备的催化剂不需要经过高温焙烧,就已经具备较稳定的组成。因此,本节采用液相还原法制备铜基催化剂,为简化热处理步骤,减少对铜物种的聚集与烧结,将未焙烧的具有稳定组成的催化剂直接用于 CO_2 加氢反应的活性测试。

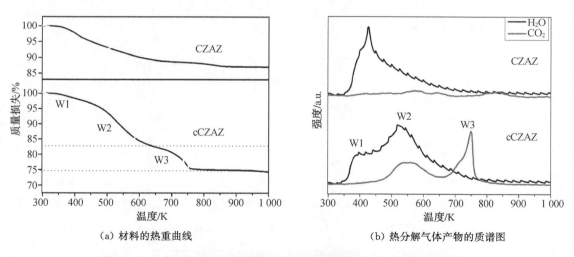

(a) 材料的热重曲线　　　　　　　　　　(b) 热分解气体产物的质谱图

图5-8　Cu/Zn/Al/Zr 材料的热重曲线和材料热分解气体产物的质谱图

5.4.2　实验部分

催化剂的制备、表征与评价详见本书 5.2 节。

5.4.3 结果与讨论

基于液相还原法制备的催化剂不经过高温焙烧已具备稳定组成,因此将未焙烧的催化剂 CZAZ 直接用于 CO_2 加氢反应,并与焙烧后活性最优的 CZAZ-573 催化剂进行了对比。

表 5-3 给出了焙烧前后催化剂的催化性能,未焙烧的催化剂 CZAZ 具有更高的 CO_2 转化率和甲醇选择性,温度在 503 K 时甲醇选择性高达 66.1%。此外,图 5-9 显示,未焙烧的催化剂在 523 K 下的 1 000 h 长周期测试中保持了稳定的 CO_2 转化率和甲醇时空收率。

表 5-3 Cu/Zn/Al/Zr 催化剂的 CO_2 加氢合成甲醇的催化性能

温度/K	样品	CO_2 转化率/%	选择性/%		CH_3OH 时空收率/(g·mL⁻¹·h⁻¹)
			CH_3OH	CO	
503	CZAZ	18.0	66.1	33.9	0.18
	CZAZ-573	17.1	62.1	37.9	0.16
523	CZAZ	23.6	64.3	35.7	0.23
	CZAZ-573	22.0	60.9	39.1	0.21

注:反应条件:$p=5.0$ MPa,$H_2:CO_2=3:1$,$GHSV=4\,600$ h⁻¹。

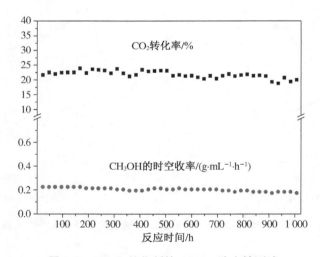

图 5-9 CZAZ 催化剂的 1 000 h 稳定性测试

图 5-10(a) 为催化剂未焙烧和 573 K 温度焙烧后的 XRD 图,CZAZ 与 CZAZ-573 样品都有金属 Cu 的衍射峰,很显然,焙烧后 Cu 晶相的衍射峰强度明显增加;Cu_2O 相

在 CZAZ 样品中是高度分散的,而 CZAZ-573 样品中高温焙烧导致 Cu_2O 出现结晶。图 5-10(b)为 CZAZ 和 CZAZ-573 催化剂气相还原处理(H_2：CO_2＝3∶1,T＝503 K,t＝2 h)后的 XRD 图。基于图 5-10(b)中的金属 Cu 的(111)晶面,采用 Scherrer 公式计算得到的平均铜晶粒尺寸列于表 5-4。结果显示,焙烧后样品的 d_{Cu} 值增大了约 36%。从表 5-4 所列的物化性能参数也可以看出,催化剂经 573 K 焙烧后,比表面积减小,平均孔径增大,金属 Cu 比表面积显著减小。

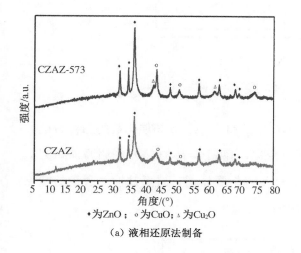

(a) 液相还原法制备

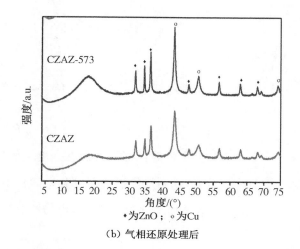

(b) 气相还原处理后

图 5-10　Cu/Zn/Al/Zr 催化剂的 XRD 图

表 5-4　Cu/Zn/Al/Zr 催化剂的物化参数

样品	BET 比表面积 /(m²·g⁻¹)	平均孔径 /nm	d_{Cu}[①] /nm	Cu 比表面积[②] /(m²·g⁻¹)
CZAZ	68.6	17.2	12.9	24.6
CZAZ-573	51.8	20.9	17.6	18.6

注：① 以图 5-10(b)中 Cu(111)晶面为基准,经 Scherrer 公式计算所得。
　　② N_2O 解离吸附计算所得。

图 5-11 所示为催化剂的 H_2-TPR 图,与未焙烧的样品相比,焙烧后样品还原峰的峰型变窄,铜物种的聚集作用使其在种类和分布上变得单一。尽管液相还原过程使得铜物种在价态(Cu^0、Cu^+、Cu^{2+})和聚集态(表相、体相)上具有多样性,但是后续的焙烧使得铜物种聚集,分布均一化。CZAZ 样品中有低温还原峰 α,而 CZAZ-573 样品中只有中温还原峰 β、高温还原峰 γ,说明未焙烧的样品具有较高的 Cu 分散度。

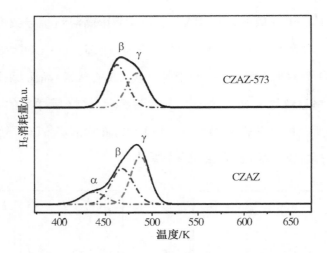

图 5-11　Cu/Zn/Al/Zr 催化剂的 H_2-TPR 图

如图 5-12 所示为催化剂的 CO_2-TPD 图，CZAZ 和 CZAZ-573 催化剂的三种碱性位（弱碱位、中强碱位、强碱位）在强度上无明显变化，但两个样品的 CO_2 脱附峰面积大小差距显著，说明焙烧过程对催化剂表面的碱性位有削弱作用。表面碱性位数量的减少除了与比表面积的降低有关，也与相互作用的变化有关。

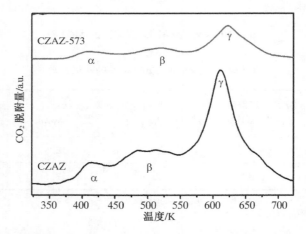

图 5-12　气相处理后 Cu/Zn/Al/Zr 催化剂的 CO_2-TPD 图

5.5　小结

本章 5.1～5.3 节采用液相还原法制备了 Cu/Zn/Al/Zr 催化剂，探究了 CO_2 加氢

合成甲醇反应中焙烧与液相还原顺序的影响。基于实验结果,得出以下结论:

对先液相还原再焙烧的催化剂而言,焙烧的作用对象是含三种价态的铜物种(Cu^{2+}、Cu^+、Cu^0)的金属/金属氧化物,易发生颗粒的长大与聚集,而且发生元素迁移现象,各元素之间相互作用较差。对先焙烧再液相还原的催化剂来说,焙烧的作用对象为 Cu^{2+},抗烧结能力强于还原态铜物种,且焙烧强化了组分间作用力,使催化剂具有更高的 Cu 分散度、更低的还原温度、更大的金属 Cu 比表面积。此外,热处理顺序的改变还导致了表面铜物种的分布、催化剂的还原程度、ZnO 形貌及碱性位强度的差异。虽然改变顺序后的 573-CZAZ 催化剂的 CO_2 转化率和甲醇选择性均高于 CZAZ-573 催化剂,但这种差距非常微弱,可能是由于 573-CZAZ 样品中中等碱性位强度减弱造成的。

在液相还原体系中,由于 $NaBH_4$ 对羟基碳酸盐前驱体的分解作用,干燥后的材料具备稳定的催化剂组成。5.4 节将液相还原法制备的未焙烧催化剂直接用于 CO_2 加氢反应,并与焙烧后的催化剂进行了对比,研究结果发现:未焙烧的 CZAZ 催化剂比焙烧后的 CZAZ-573 催化剂具有更高的 CO_2 转化率和甲醇选择性,且在 1 000 h 长周期测试中保持了稳定的甲醇时空收率,这是因为未焙烧的催化剂具有更高的 Cu 比表面积、更低的还原温度和更多的碱性位数量。因此,简化铜基催化剂的热处理步骤对催化活性的提高具有重大意义。

第 6 章 液相还原应用于类钙钛矿型催化剂的 CO_2 加氢反应

6.1 引言

钙钛矿型复合金属氧化物是一种具有独特物理、化学性质的新型材料,其分子通式为 ABO_3,活性元素 B 高度分散于金属氧化物中,该结构具有较强的元素可调变性,高的化学稳定性和结构稳定性,且各元素间存在非常强的相互作用[149]。典型的 ABO_3 钙钛矿结构发生元素取代或掺杂时,结构会产生缺陷,缺陷达到一定程度时会发生空间畸变,从而形成类钙钛矿晶体结构(A_2BO_4)。掺杂后会形成晶体缺陷结构或产生氧空位,存在晶体流动现象,使得该材料具备良好的超导特性,因此被广泛应用于太阳能电池、固体电解质、传感器、高温加热材料、固体电阻器及催化化学等领域[150-153]。有研究者将铜基钙钛矿复合金属氧化物用于 CO_2 加氢合成甲醇反应,但是由于钙钛矿比表面积非常小($<5\ m^2 \cdot g^{-1}$),还原温度较高($>623\ K$),因此催化活性并不理想[154-155]。液相还原法制备的催化剂不需要 H_2 还原可直接用于催化反应,若将铜基钙钛矿材料用 $NaBH_4$ 还原后用于 CO_2 加氢合成甲醇反应,避免了对铜基催化剂的高温气相还原,可减少铜物种的聚集与烧结,有望提高 CO_2 加氢反应的活性。

本章以 $NaBH_4$ 为还原剂,将 La_2CuO_4 型类钙钛矿材料液相还原后直接用于 CO_2 加氢制甲醇反应。本书通过采用 XRD、N_2 物理吸附、SEM、N_2O 化学吸附、XPS、H_2-TPR、CO_2-TPD 等表征手段,系统考察了气相还原、液相还原两种方式对催化剂物化性质和反应性能的影响。

6.2 实验部分

6.2.1 催化剂的制备

将 $La(NO_3)_3 \cdot 9H_2O$、$Cu(NO_3)_2 \cdot 3H_2O$、$Zn(NO_3)_2 \cdot 6H_2O$ 以物质的量比

1∶1∶0.5 配成 1 mol/L 的混合盐溶液；将 NaOH 与 Na_2CO_3 以物质的量比 2∶1 配成 1.5 mol/L 的沉淀剂溶液。用蠕动泵(Longer Pump,型号为 BT100-2J)将金属盐和沉淀剂溶液同时逐滴加入去离子水中,在加热(T=338 K)搅拌条件下沉淀,pH 保持在 9.0±0.2。滴加结束后,在上述条件下老化 12 h。然后洗涤、抽滤,353 K 干燥过夜,1 073 K 焙烧 6 h,得到的催化剂记作 LCZ。将一定量的 $NaBH_4$(B/Cu=5)溶于 0.1 mol/L 的 NaOH 溶液配成还原剂溶液。将 LCZ 样品磨细,加去离子水配成悬浮液,在氮气保护下用恒压滴液漏斗将还原剂溶液逐滴加入搅拌加热(T=338 K)的悬浮液中。滴加完毕后,在氮气气氛中于上述条件继续加热搅拌 2 h。然后洗涤(蒸馏水洗涤多次,最后一遍采用无水乙醇洗涤)、抽滤,滤饼于真空干燥箱中 353 K 条件下干燥 10 h,干燥后材料记作 l-LCZ。

6.2.2　催化剂表征

催化剂采用 XRD、N_2 物理吸附、SEM、N_2O 化学吸附、XPS、H_2-TPR、CO_2-TPD 等表征手段,详见本书 2.3 节。

6.2.3　催化剂评价

催化剂活性评价的实验装置、流程、产物分析以及数据计算与本书 2.4 节的描述一致。催化剂用量 1.5 g,40~60 目颗粒;反应条件:CO_2∶H_2=1∶3,T=523 K,p=5 MPa,$GHSV$=4 000 h^{-1}。LCZ 样品采用高纯氢气经 623 K 还原 6 h 后进行性能评价;l-LCZ 催化剂无须 H_2 还原过程可直接进行活性测试。为了对比,也将 LCZ 催化剂不经过 H_2 还原直接进行性能评价。

6.3　催化剂织构性质

图 6-1 为两个样品的 XRD 图,在 LCZ 样品中检测 La_2CuO_4(JCPDS ♯ 82-2142) 的特征衍射峰,说明共沉淀法已制备出具有典型类钙钛矿结构的材料。除此之外,LCZ 样品中还观察到少量 CuO 相(JCPDS ♯ 45-0937)和 ZnO 相(JCPDS ♯ 36-1451),说明元素铜和锌并没有完全进入类钙钛矿的晶体结构中,还有少量以氧化物的形式存

在[156]。LCZ 样品经 NaBH₄ 还原后，l-LCZ 样品中未见 La_2CuO_4 的衍射峰，类钙钛矿结构被完全破坏。La 元素以氢氧化物[$La(OH)_3$，JCPDS ♯ 36-1481]的形式存在，且 ZnO 衍射峰的强度增大。液相还原后，CuO 相消失，在 $2\theta = 43.3°$、$50.4°$ 和 $74.1°$ 处观察到金属 Cu(JCPDS ♯ 04-0836)的(111)、(200)和(220)晶面衍射峰。

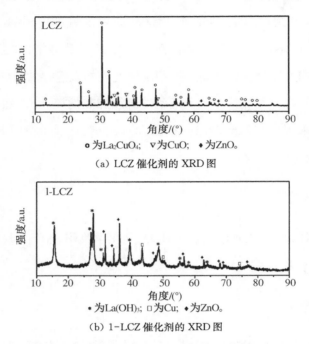

(a) LCZ 催化剂的 XRD 图

(b) l-LCZ 催化剂的 XRD 图

图 6-1　l-LCZ 与 LCZ 催化剂的 XRD 图

由 ICP-OES 所测得的样品中 Cu 元素的实际含量列于表 6-1，两个样品的 Cu 含量差距很小。但是由 N₂ 吸脱附测得的 BET 比表面积相差非常大，液相还原后样品的比表面积约是原来的 5 倍。由 N₂O 解离吸附得到的金属 Cu 比表面积结果可知，液相还原后催化剂表面暴露的铜原子数量增多。

表 6-1　LCZ 与 l-LCZ 催化剂的物化性质

样品	Cu 负载量/%	BET 比表面积/(m² · g⁻¹)	d_{Cu}[①]/nm	Cu 比表面积[②]/(m² · g⁻¹)
LCZ	14.3	2.3	17.6	18.6
l-LCZ	13.7	11.6	13.9	23.2

注：① 以图 6-8 中 Cu(111)晶面为基准，经 Scherrer 公式计算所得。
　　② N₂O 解离吸附计算所得。

由图 6-2 的扫描电镜图可知,类钙钛矿材料由无规则的颗粒组成,平均粒径约为
270 nm。液相还原以后,无规则颗粒表面变得粗糙,且出现许多小的碎片,平均粒径也
降至 200 nm。该现象与上述的 N_2 吸脱附结果吻合,颗粒尺寸变小和表面粗糙化是比
表面积增加的原因。

图 6-2　LCZ 与 l-LCZ 催化剂的扫描电镜图

6.4　XPS 分析

图 6-3 为 LCZ 与 l-LCZ 催化剂的 Cu 2p 谱图,在 LCZ 样品中,观察到 Cu $2p_{3/2}$
峰、Cu $2p_{1/2}$ 峰及其卫星峰,Cu 元素在类钙钛矿材料中是以 Cu^{2+} 的形式存在的。
l-LCZ 样品中也能观察到的 Cu 2p 卫星峰的存在,说明 l-LCZ 样品中也有 Cu^{2+} 存在,
$NaBH_4$ 并没有将类钙钛矿材料中的 Cu^{2+} 的全部还原为 Cu^0 或 Cu^+。但 l-LCZ 样品的
Cu 2p 峰与其卫星峰面积的比值要大于 LCZ 样品,说明铜物种已经被部分还原。值得
注意的是,l-LCZ 样品的 Cu $2p_{3/2}$ 峰和 Cu $2p_{1/2}$ 峰出现宽化且分叉,这是由催化剂表面
铜价态多样性造成的。将 Cu $2p_{3/2}$ 峰划分为两个高斯峰:932.2 eV 左右的峰,归属于
Cu^0 和/或 Cu^+;934.5 eV 左右的峰,归属于 Cu^{2+}[140]。前者峰面积明显高于后者,说明
l-LCZ 样品中的大部分 Cu^{2+} 已被还原为 Cu^0 和/或 Cu^+。

图 6-4 为 LCZ 与 l-LCZ 催化剂的 La 3d 谱图,由图可知,两个样品的 La $3d_{3/2}$ 峰
和 $3d_{5/2}$ 峰出现分叉现象,这是由于电子从 O 2p 轨道转移到 La 4f 空轨道所导致的。
液相还原后,电子从 O 2p 轨道到 La 4f 空轨道转移的量增加,造成 l-LCZ 样品中 La
3d 峰分裂程度增加[157-158]。

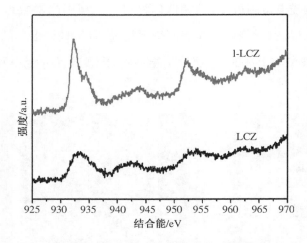

图 6-3　LCZ 与 l-LCZ 催化剂的 Cu 2p 谱图

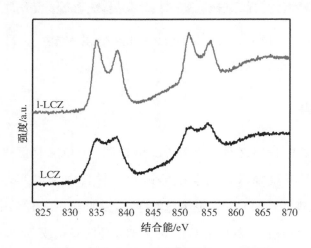

图 6-4　LCZ 与 l-LCZ 催化剂的 La 3d 谱图

　　图 6-5 中的 O 1s 谱图显示催化剂表面存在多种不同类型的 O 物种：晶格氧（O^{2-}）、化学吸附氧和物理表面吸附氧[159-161]。位于 528.5 eV 的晶格氧为类钙钛矿材料所有，ABO_3 型钙钛矿晶体被低价离子取代生成有缺陷的 A_2BO_4 型类钙钛矿结构时，会产生晶格氧；并未在 l-LCZ 样品中检测到晶格氧物种的存在。物理吸附氧（533.1 eV）主要来源于吸附水中的氧或者表面弱吸附的氧，l-LCZ 样品比表面积大，吸附的水分子或羟基物种远高于比表面积小的 LCZ 样品，因此 l-LCZ 样品中该峰的相对强度较大。催化剂表面的化学吸附氧（531.4 eV）是由有缺陷的金属氧化物中氧空

位的吸附产生的,与催化剂的吸脱附性能以及催化活性存在密切的联系。

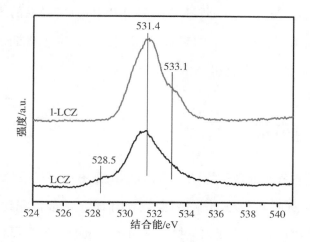

图 6-5　LCZ 与 l-LCZ 催化剂的 O 1s 谱图

6.5　H_2-TPR 分析

本节对类钙钛矿材料 LCZ 样品和液相还原后的 l-LCZ 样品进行了还原行为测试 (图 6-6)。两个样品的 H_2-TPR 曲线图均是由两个峰组成:673 K 以前的高窄峰,归属于 Cu^{2+} 到 Cu^0/Cu^+ 的还原;673~1 000 K 的矮宽峰,归属于 Cu^+ 到 Cu^0 的还原。不同于本书第 3 章至第 5 章中催化剂的还原,类钙钛矿型材料的还原是分步进行的,这是

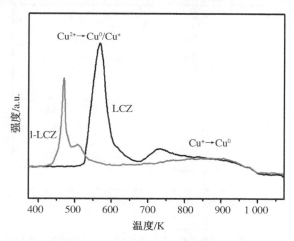

图 6-6　LCZ 与 l-LCZ 催化剂的 H_2-TPR 图

因为类钙钛矿结构中的 Cu 组分与其他氧化物作用力极强,二价铜不能在较低的温度下一步还原为金属态 Cu。由于 $NaBH_4$ 的还原作用,l-LCZ 样品的还原峰面积显著减小。与 LCZ 样品相比,l-LCZ 样品的起始还原温度 T_{onset} 向低温方向移动,这是由液相还原过程削弱了 Cu 物种与其他组分相互作用造成的[137]。

6.6 CO_2-TPD 分析

两个样品经原料气预处理后的 CO_2-TPD 结果见图 6-7。l-LCZ 样品的 CO_2 脱附峰面积远大于 LCZ 样品,约为其 6.5 倍;而前者的 BET 比表面积约为后者的 5 倍,说明催化剂的碱性位密度发生了变化。材料表面碱性位的种类主要分为弱碱、中强碱、强碱三种类型。如图 6-7 所示,LCZ 和 l-LCZ 样品的弱碱位 α 在图中非常微弱,几乎观察不到;这归因于催化剂比表面积太小,表面 OH^- 基团数量少。中强碱性位 β 是由金属-氧离子对提供,l-LCZ 样品的中强碱性位主要贡献者是 $La(OH)_3$ 和 ZnO;而LCZ 样品由 La_2CuO_4 中的 La-O 离子对和 ZnO 提供,前者中强碱性位的数量远高于后者。高温脱附峰 γ 属于强碱性位,源于低配位的不饱和氧原子(O^{2-})。ABO_3 型钙钛矿材料被低价离子取代会生成有缺陷的 A_2BO_4 型类钙钛矿结构,同时会产生晶格氧,氧空位能给出电子对,表现出碱性。LCZ 样品中 γ 峰面积大于 l-LCZ 样品,说明类钙钛矿材料中具有更多的表面晶格氧,这与 XPS 结果是一致的。

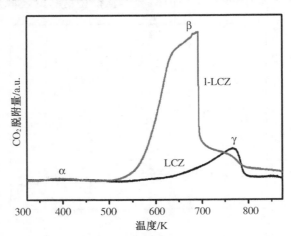

图 6-7 预处理后 LCZ 与 l-LCZ 催化剂的 CO_2-TPD 图

6.7　活性评价

催化剂的 CO_2 加氢合成甲醇的活性测试结果列于表 6-2 中。类钙钛矿结构的 LCZ 催化剂采用纯氢于 623 K 还原后在 $p=5.0$ MPa、$H_2:CO_2=3:1$、$GHSV=4\,000\ h^{-1}$ 条件下，CO_2 的转化率为 7.2%，甲醇选择性为 47.2%。将上述类钙钛矿材料采用 $NaBH_4$ 还原后，直接用于反应测试。如表 6-2 所示，l-LCZ 催化剂在相同反应条件下 CO_2 加氢活性显著增加，CO_2 转化率提高了 61.1%，甲醇选择性提高了 21.4%。当类钙钛矿材料 LCZ 样品不经氢气还原直接用于反应评价时，其 CO_2 转化率只有轻微改变，甲醇选择性由 47.2% 降至 38.5%。

表 6-2　LCZ 与 l-LCZ 催化剂的 CO_2 加氢合成甲醇的催化性能

样品	还原温度 /K	CO_2 转化率 /%	选择性/%		CH_3OH 时空收率 /(g·mL^{-1}·h^{-1})
			CH_3OH	CO	
LCZ(纯 H_2 还原)	623	7.2	47.2	51.8	0.05
LCZ	—	7.5	38.5	61.1	0.04
l-LCZ	—	11.6	57.3	42.2	0.1

注：反应条件：$p=5.0$ MPa，$H_2:CO_2=3:1$，$GHSV=4\,000\ h^{-1}$。

图 6-8 是两个样品反应后的 XRD 图，LCZ 样品经还原、催化等过程，类钙钛矿结构已遭到破坏，主要由 $La(OH)_3$、Cu、ZnO 三相组成，l-LCZ 样品反应前后组成不变，

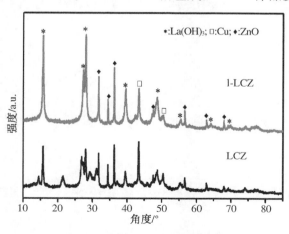

图 6-8　反应后 LCZ 与 l-LCZ 催化剂的 XRD 图

均由 La(OH)$_3$、Cu、ZnO 三相构成,但是金属 Cu 的衍射峰强度增加了,说明反应过程中出现了 Cu 晶粒的长大。采用 Scherrer 公式由图 6-8 中的 Cu(111)晶面计算得到平均 Cu 晶粒大小,发现 LCZ 样品反应后铜晶粒的尺寸比 l-LCZ 样品反应后的晶粒尺寸大 26.6%。

6.8 小结

本章通过对类钙钛矿型铜基催化剂在 CO$_2$ 加氢反应中气相和液相还原方式的系统考察,现得出以下结论:

与 La$_2$CuO$_4$ 型类钙钛矿结构材料相比,液相还原后,催化剂颗粒变小,表面粗糙度增加,比表面积显著增加。相应的,催化剂暴露的金属铜比表面积增加,碱性位数量增加。此外,液相还原过程还减弱了 Cu 组分与其他金属的相互作用,还原温度降低。类钙钛矿材料 LCZ 催化剂的 CO$_2$ 转化率为 7.2%,甲醇选择性为 47.2%,液相还原处理后的 l-LCZ 催化剂在相同反应条件下 CO$_2$ 转化率提高了 61.1%,甲醇选择性提高了 21.4%。根据 CO$_2$ 加氢合成甲醇的"双活性位"机制,l-LCZ 催化剂在活性上的提高归因于高的金属铜比表面积和更多的碱性位数量。

第 7 章　总结与展望

CO₂ 加氢制甲醇反应是有望解决当今人类社会面临的气候变化与能源危机两大难题的有效途径，但是由于 CO_2 的化学惰性及热力学上的不利因素，该反应的转化率和甲醇选择性都较低，因此研制开发新型高效的催化剂成为 CO_2 加氢合成甲醇反应的研究热点。

铜基催化剂由于低压活性高、综合性能好，研究最为广泛。合成甲醇所用铜基催化剂通常是将焙烧后的金属氧化物在 H_2 氛围下还原为金属 Cu，然后用于催化反应。然而，传统的气相还原过程常伴随着强烈的放热效应且需要在高温下进行，会引起表面铜颗粒的长大并加速其聚集烧结，从而影响催化性能。以 $NaBH_4$ 为还原剂的液相还原法具有操作简单、快捷且条件可控等优点，低温下的还原反应可有效抑制金属颗粒的长大，因此，液相还原法有望制备出高铜分散度、高反应活性的催化剂。

本书的主要目标是探讨液相还原技术代替传统的气相还原方法制备铜基催化剂用于 CO_2 加氢合成甲醇反应，减少对 Cu 物种的聚集，提高反应活性。本书系统研究了液相还原与气相还原的异同，液相还原体系中还原剂用量、焙烧温度、热处理顺序等因素对催化剂结构和催化活性的影响；结合表征结果与反应活性，得出了催化剂结构对催化性能的影响规律，以及在液相还原体系中影响 CO_2 加氢活性的关键因素，确定了该反应的活性中心。

7.1　主要结论

7.1.1　还原方式及还原剂用量的影响

分别以 H_2 和 $NaBH_4$ 为还原剂制备了一系列 $Cu/ZnO/ZrO_2$ 催化剂用于 CO_2 加氢制甲醇反应，$NaBH_4$ 还原法所得催化剂经干燥焙烧后可直接用于反应，无须高温 H_2

还原，$NaBH_4$ 还原法制备的催化剂比传统 H_2 还原得到的催化剂具有更小的金属铜颗粒、更低的还原温度、更多的碱性位数量，且表现出了更好的 CO_2 加氢催化活性，甲醇选择性显著提高。综合催化剂的结构表征和性能评价结果，发现 $NaBH_4$ 还原法制备的催化剂 CO_2 转化率与金属铜比表面积的呈现正相关关系，甲醇选择性随着碱性位数量的增加而增加，符合 CO_2 加氢制甲醇反应的"双活性位"机制。以 $NaBH_4$ 用量为切入点，系统考察了液相还原剂用量对催化剂物化性质和结构功能的影响规律，结果表明 CO_2 转化率和甲醇选择性随 B/Cu 比值的增加呈现先增后减的"火山型"关系，CZZ-5 具有最高的催化活性。

7.1.2　焙烧温度对液相还原制备催化剂的影响

由于金属铜具有低的 Hüttig 温度和 Tamman 温度，在焙烧过程中铜物种易发生聚集与烧结，选择合适的焙烧温度对铜基催化剂至关重要。目前，有关焙烧温度对铜基催化剂影响的报道仅限于含 Cu^{2+} 催化剂的影响，对含有还原态铜物种催化剂影响的研究未见报道。液相还原法制备的催化剂中包含还原态的铜物种，高温热处理时，它们比 Cu^{2+} 更敏感，更易发生聚集作用。因此，采用液相还原法制备了 Cu/Zn/Al/Zr 催化剂，然后于不同温度（423 K、573 K、723 K、873 K）下焙烧后用于 CO_2 加氢合成甲醇反应，考察了焙烧温度对液相还原法制备的催化剂结构和性能的影响。研究发现，液相还原法制备的催化剂包含 Cu^{2+}、Cu^+、Cu^0 三种铜价态，表面铜物种以 Cu^+ 为最主要存在形式。催化剂的比表面积和碱性位数量随着焙烧温度的升高而逐渐降低，而金属铜颗粒的尺寸则逐渐增大。焙烧温度的差异导致了各组分间相互作用强度的变化，影响了表面还原态铜物种（Cu^+、Cu^0）含量变化。结果显示，CO_2 转化率和甲醇选择性随着焙烧温度的升高均呈现"火山型"变化趋势，CZAZ-573 催化剂具有最高的 CO_2 加氢活性。

7.1.3　焙烧与液相还原顺序对 Cu/Zn/Al/Zr 催化剂结构和性能的研究

传统的金属催化剂应用于催化反应时，一般是将共沉淀法制备的催化剂经过焙烧和 H_2 还原过程后，进行活性测试。液相还原法制备催化剂的常规流程是：首先，$NaBH_4$ 还原得到含有三种铜价态（Cu^0、Cu^+、Cu^{2+}）的催化剂，惰性气体下焙烧，不再进行 H_2 还原，然后直接进行活性评价。事实上，还原态铜物种比 Cu^{2+} 更易在焙烧过程中聚集与烧结,为了缓解对还原态铜物种的烧结作用,本书将焙烧过程作用于氧化态铜物种,即把液相还原步骤置于焙烧步骤之后。该工艺不但可以避免高温焙烧对还原态铜物种的聚集与烧结,还可以通过焙烧过程加强组分间相互作用,减少液相还原过程对催化剂的元素迁移。采用液相还原法制备了 Cu/Zn/Al/Zr 催化剂,改变焙烧与液相还原的顺序,然后分别用于 CO_2 加氢合成甲醇反应。研究发现,先液相还原再焙烧的催化剂,由于焙烧的作用对象为金属/金属氧化物,颗粒的长大与聚集现象较为显著,Cu 组分的还原迁移导致元素之间作用力较差。改变顺序后,焙烧作用对象变为 Cu^{2+},抗烧结能力强于还原态铜物种。该工艺通过焙烧强化了组分间作用力,催化剂具有更高的 Cu 分散度、更低的还原温度、更大的金属 Cu 比表面积,而且后续的液相还原过程难以打破这种强作用力,无元素迁移现象发生,各组分均匀分布。热处理顺序的不同还对表面铜物种的分布、ZnO 形貌及碱性位的强度等产生了影响。优化顺序以后,催化剂的 CO_2 转化率和甲醇选择性均有提高。

在液相还原体系中,$NaBH_4$ 对羟基碳酸盐前驱体的分解较彻底,干燥后的材料无须焙烧,已经具有较稳定的组成。鉴于铜基催化剂的焙烧温度较高,为减少高温焙烧对铜物种的聚集作用,简化热处理步骤,将液相还原法制备的催化剂干燥后不经过焙烧直接用于催化反应测试。结构表征结果显示,未焙烧的催化剂 CZAZ 具有更高的 Cu 比表面积、更低的还原温度、更多的碱性位数量,然后将液相还原法制备的未焙烧催化剂 CZAZ 与 573 K 焙烧的催化剂 CZAZ-573 分别用于 CO_2 加氢反应,发现未焙烧的催化剂比焙烧后的催化剂具有更高的 CO_2 转化率和甲醇选择性,稳定运行在 1 000 h 后,CO_2 加氢催化活性未曾出现明显降低。因此,优化热处理顺序,简化热处理步骤在液相还原法制备铜基催化剂过程中具有重要意义。

7.1.4　液相还原应用于类钙钛矿型催化剂的 CO_2 加氢反应

共沉淀法制备的 La_2CuO_4 型类钙钛矿结构铜基催化剂,由于比表面积非常小,组分间作用力太强导致还原温度高,其经纯氢 623 K 还原后用于 CO_2 加氢反应的催化活性并不理想。为降低还原温度,减少还原过程中对铜物种的烧结,以 $NaBH_4$ 为还原剂,将 La_2CuO_4 型类钙钛矿材料液相还原后(l-LCZ)直接用于 CO_2 加氢制甲醇反应。结构表征结果表明,$NaBH_4$ 处理后的 La_2CuO_4 型类钙钛矿材料(l-LCZ)比表面积约是原来的 5 倍,相应的,l-LCZ 催化剂的金属 Cu 比表面积和碱性位数量也增加,还原温度降低。类钙钛矿材料 LCZ 催化剂的 CO_2 转化率为 7.2%，甲醇选择性为 47.2%，液相还原处理后的 l-LCZ 催化剂在相同反应条件下 CO_2 转化率和甲醇选择性分别为 11.6% 和 57.3%，活性具有显著的提高。根据 CO_2 加氢合成甲醇的"双活性位"机制，l-LCZ 催化剂的高活性是因为具有更高的金属 Cu 比表面积和更多的碱性位数量。

7.2 主要创新点

本书在液相还原法制备铜基催化剂方面进行了系统的研究工作，主要创新点如下：

（1）采用液相还原法制备了 Cu 基催化剂用于 CO_2 加氢合成甲醇反应，该法所得催化剂的活性优于传统共沉淀法，本书详细考察了两种还原方式的异同，并阐述了液相还原法制备的催化剂具有高催化活性的原因。

（2）首次考察了焙烧温度对含多种铜价态的催化剂结构和性能的影响。与传统的只含有 Cu^{2+} 的铜基催化剂不同，液相还原法制备的 Cu 基催化剂含三种铜价态（Cu^{2+}、Cu^+、Cu^0），在热处理温度发生变化时，还原态 Cu 物种比 Cu^{2+} 更敏感，更易发生聚集作用。

（3）创新性地针对液相还原法制备铜基催化剂开展了催化剂热处理（焙烧、还原）顺序影响的研究，详细研究了焙烧与液相还原顺序对催化剂织构、形貌、表面性质和反应性能的影响。

（4）创新性地对液相还原法制备的催化剂进行了热处理步骤的简化，发展了不焙烧铜基催化剂直接用于 CO_2 加氢合成甲醇反应的应用。

（5）首次将液相还原技术应用于 La_2CuO_4 型类钙钛矿结构催化剂的 CO_2 加氢反应，催化活性得到极大的提高。

7.3 展望

基于本书探索性研究工作获得的一些结论，笔者认为还有以下问题有待深入研究：

（1）采用原位红外手段对液相还原体系中 CO_2 和 H_2 的吸附、活化转化行为进行研究,考察与共沉淀法催化剂反应机制的异同之处,对现有的反应机制进行验证和改进,丰富 CO_2 的化学转化和活化的理论体系。

（2）有关活性中心 Cu^0、Cu^+ 对 CO_2 加氢制甲醇反应活性的调节机制有待进一步考察。建议通过催化剂制备参数的控制,实现 Cu^0、Cu^+ 在催化剂表面的分布及含量比值的调控,并深入研究各个铜物种在 CO_2 加氢反应中的作用。

（3）拓展液相还原法制备金属催化剂的技术,尤其是制备高还原温度的催化剂。如 CH_4-CO_2 重整反应中镍基催化剂的制备,NiO 还原温度高达 1 073 K,低温下的液相还原技术可显著降低 Ni 物种的烧结。

参考文献

［1］Bernstein L，Bosch P，Canziani O，et al．Climate change 2007：synthesis report［R］．Valencia：IPCC，2007．

［2］Allen M R，Barros V R，Broome J，et al．Climate change 2014：synthesis report［R］．Chicago：2014，IPCC．

［3］Chang S H，Wang X Y，Wang Z．Modelling and computing the peaks of carbon emission with balanced growth［J］．Chaos，Solitons & Fractals，2016，91：452-460．

［4］寇江泽，丁怡婷．积极稳妥推进碳达峰碳中和［N］．人民日报，2023-04-06(2)．

［5］胡鞍钢．中国实现 2030 年前碳达峰目标及主要途径［J］．北京工业大学学报（社会科学版），2021，21(3)：1-15．

［6］Hasan M M F，First E L，Boukouvala F，et al．A multi-scale framework for CO_2 capture，utilization，and sequestration：CCUS and CCU［J］．Computers & Chemical Engineering，2015，81：2-21．

［7］Li L，Zhao N，Wei W，et al．A review of research progress on CO_2 capture，storage，and utilization in Chinese Academy of Sciences［J］．Fuel，2013，108：112-130．

［8］Li Q，Chen Z A，Zhang J T，et al．Positioning and revision of CCUS technology development in China［J］．International Journal of Greenhouse Gas Control，2016，46：282-293．

［9］韩桂芬，张敏，包立．CCUS 技术路线及发展前景探讨［J］．电力科技与环保，2012，28(4)：8-10．

［10］Rubin E S，Mantripragada H，Marks A，et al．The outlook for improved carbon capture technology［J］．Progress in Energy and Combustion Science，2012，38(5)：630-671．

［11］MacDowell N，Florin N，Buchard A，et al．An overview of CO_2 capture technologies［J］．Energy & Environmental Science，2010，3 (11)：1645-1669．

［12］Markewitz P，Kuckshinrichs W，Leitner W，et al．Worldwide innovations in the development of carbon capture technologies and the utilization of CO_2［J］．Energy & Environmental Science，

2012，5(6)：7281-7305.

[13] Yu K M K, Curcic I, Gabriel J, et al. Recent advances in CO_2 capture and utilization[J]. ChemSusChem, 2008，1(11)：893-899.

[14] Davison J. Performance and costs of power plants with capture and storage of CO_2[J]. Energy, 2007，32(7)：1163-1176.

[15] Thomas H, Bozec Y, Elkalay K, et al. Enhanced open ocean storage of CO_2 from shelf sea pumping[J]. Science, 2004，304(5673)：1005-1008.

[16] 孙楠楠. $NiO-CaO-ZrO_2$ 催化剂上甲烷-二氧化碳重整反应研究[D].北京：中国科学院研究生院，2011.

[17] 赵国华. CO_2 离域 π 键的浅析[J]. 大学化学，1996，11(2)：53-54.

[18] 吴欢文. Cu_2O（Ⅲ）表面电子结构及 CO_2 在此表面的吸附与活化的量子化学研究[D].南昌：南昌大学，2012.

[19] Aresta M, Dibenedetto A. Utilisation of CO_2 as a chemical feedstock：opportunities and challenges[J]. Dalton Transactions, 2007(28)：2975-2992.

[20] Liu S H, Cuty Clemente E R, Hu T G, et al. Study of spark ignition engine fueled with methanol/gasoline fuel blends[J]. Applied Thermal Engineering, 2007，27(11/12)：1904-1910.

[21] Olah G A. Beyond oil and gas：the methanol economy[J]. Angewandte Chemie 2005，44(18)：2636-2639.

[22] Behrens M, Studt F, Kasatkin I, et al. The active site of methanol synthesis over $Cu/ZnO/Al_2O_3$ industrial catalysts[J]. Science, 2012，336(6083)：893-897.

[23] Baltes C, Vukojevic S, Schuth F. Correlations between synthesis, precursor, and catalyst structure and activity of a large set of $CuO/ZnO/Al_2O_3$ catalysts for methanol synthesis[J]. Journal of Catalysis, 2008，258(2)：334-344.

[24] Guo X M, Mao D S, Lu G Z, et al. Glycine-nitrate combustion synthesis of $CuO-ZnO-ZrO_2$ catalysts for methanol synthesis from CO_2 hydrogenation[J]. Journal of Catalysis, 2010，271(2)：178-185.

[25] Guo X M, Mao D S, Lu G Z, et al. CO_2 hydrogenation to methanol over $Cu/ZnO/ZrO_2$ catalysts prepared via a route of solid-state reaction[J]. Catalysis Communications, 2011，12(12)：1095-1098.

[26] Guo X M, Mao D S, Lu G Z, et al. The influence of La doping on the catalytic behavior of Cu/ZrO_2 for methanol synthesis from CO_2 hydrogenation[J]. Journal of Molecular Catalysis A：

Chemical, 2011, 345(1/2): 60-68.

[27] Guo X M, Mao D S, Wang S, et al. Combustion synthesis of CuO-ZnO-ZrO$_2$ catalysts for the hydrogenation of carbon dioxide to methanol[J]. Catalysis Communications, 2009, 10(13): 1661-1664.

[28] Wang Z Q, Xu Z N, Peng S Y, et al. High-performance and long-lived Cu/SiO$_2$ nanocatalyst for CO$_2$ hydrogenation[J]. ACS Catalysis, 2015, 5(7): 4255-4259.

[29] Gao P, Xie R Y, Wang H, et al. Cu/Zn/Al/Zr catalysts via phase-pure hydrotalcite-like compounds for methanol synthesis from carbon dioxide[J]. Journal of CO$_2$ Utilization, 2015, 11: 41-48.

[30] Gao P, Li F, Zhao N, et al. Influence of modifier (Mn, La, Ce, Zr and Y) on the performance of Cu/Zn/Al catalysts via hydrotalcite-like precursors for CO$_2$ hydrogenation to methanol[J]. Applied Catalysis A: General, 2013, 468: 442-452.

[31] Gao P, Li F, Zhang L N, et al. Influence of fluorine on the performance of fluorine-modified Cu/Zn/Al catalysts for CO$_2$ hydrogenation to methanol[J]. Journal of CO$_2$ Utilization, 2013, 2: 16-23.

[32] Gao P, Li F, Zhan H J, et al. Influence of Zr on the performance of Cu/Zn/Al/Zr catalysts via hydrotalcite-like precursors for CO$_2$ hydrogenation to methanol[J]. Journal of Catalysis, 2013, 298: 51-60.

[33] Gao P, Li F, Xiao F K, et al. Effect of hydrotalcite-containing precursors on the performance of Cu/Zn/Al/Zr catalysts for CO$_2$ hydrogenation: Introduction of Cu^{2+} at different formation stages of precursors[J]. Catalysis Today, 2012, 194(1): 9-15.

[34] Zhan H J, Li F, Gao P, et al. Methanol synthesis from CO$_2$ hydrogenation over La-M-Cu-Zn-O (M＝Y, Ce, Mg, Zr) catalysts derived from perovskite-type precursors[J]. Journal of Power Sources, 2014, 251: 113-121.

[35] Yang H Y, Gao P, Zhang C, et al. Core-shell structured Cu@m-SiO$_2$ and Cu/ZnO@m-SiO$_2$ catalysts for methanol synthesis from CO$_2$ hydrogenation[J]. Catalysis Communications, 2016, 84: 56-60.

[36] Witoon T, Chalorngtham J, Dumrongbunditkul P, et al. CO$_2$ hydrogenation to methanol over Cu/ZrO$_2$ catalysts: Effects of zirconia phases[J]. Chemical Engineering Journal, 2016, 293: 327-336.

[37] Liao F L, Huang Y Q, Ge J W, et al. Morphology-dependent interactions of ZnO with Cu

nanoparticles at the materials' interface in selective hydrogenation of CO_2 to CH_3OH [J]. Angewandte Chemie, 2011, 50(9): 2162-2165.

[38] An B, Zhang J Z, Cheng K, et al. Confinement of ultrasmall Cu/ZnO_x nanoparticles in metal-organic frameworks for selective methanol synthesis from catalytic hydrogenation of CO_2 [J]. Journal of the American Chemical Society, 2017, 139(10): 3834-3840.

[39] 李志雄, 纳薇, 王华, 等. Cu-Zn-Zr/SBA-15 介孔催化剂的制备及 CO_2 加氢合成甲醇的催化性能[J]. 高等学校化学学报, 2014, 35(12): 2616-2623.

[40] Deerattrakul V, Dittanet P, Sawangphruk M, et al. CO_2 hydrogenation to methanol using Cu-Zn catalyst supported on reduced graphene oxide nanosheets[J]. Journal of CO_2 Utilization, 2016, 16: 104-113.

[41] Solymosi F, Erdöhelyi A, Lancz M. Surface interaction between H_2 and CO_2 over palladium on various supports[J]. Journal of Catalysis, 1985, 95(2): 567-577.

[42] Song Y Q, Liu X R, Xiao L F, et al. Pd-promoter/MCM-41: A highly effective bifunctional catalyst for conversion of carbon dioxide[J]. Catalysis Letters, 2015, 145(6): 1272-1280.

[43] Díez-Ramírez J, Sánchez P, Rodríguez-Gómez A, et al. Carbon nanofiber-based palladium/zinc catalysts for the hydrogenation of carbon dioxide to methanol at atmospheric pressure [J]. Industrial & Engineering Chemistry Research, 2016, 55(12): 3556-3567.

[44] Liang X L, Dong X, Lin G D, et al. Carbon nanotube-supported Pd-ZnO catalyst for hydrogenation of CO_2 to methanol[J]. Applied Catalysis B: Environmental, 2009, 88(3/4): 315-322.

[45] Słoczyński J, Grabowski R, Kozłowska A, et al. Catalytic activity of the $M/(3ZnO \cdot ZrO_2)$ system (M=Cu, Ag, Au) in the hydrogenation of CO_2 to methanol[J]. Applied Catalysis A: General, 2004, 278(1): 11-23.

[46] Grabowski R, Słoczyński J, Śliwa M, et al. Influence of polymorphic ZrO_2 phases and the silver electronic state on the activity of Ag/ZrO_2 catalysts in the hydrogenation of CO_2 to methanol[J]. ACS Catalysis, 2011, 1(4): 266-278.

[47] Kusama H, Okabe K, Sayama K, et al. CO_2 hydrogenation to ethanol over promoted Rh/SiO_2 catalysts[J]. Catalysis Today, 1996, 28(3): 261-266.

[48] Bando K K, Soga K, Kunimori K, et al. CO_2 hydrogenation activity and surface structure of zeolite-supported Rh catalysts[J]. Applied Catalysis A: General, 1998, 173(1): 47-60.

[49] Calafat A, Vivas F, Brito J L. Effects of phase composition and of potassium promotion on cobalt

molybdate catalysts for the synthesis of alcohols from CO_2 and H_2 [J]. Applied Catalysis A: General, 1998, 172(2): 217-224.

[50] Liu X M, Lu G Q, Yan Z F, et al. Recent advances in catalysts for methanol synthesis via hydrogenation of CO and CO_2[J]. Industrial & Engineering Chemistry Research, 2003, 42(25): 6518-6530.

[51] Le Valant A, Comminges C, Tisseraud C, et al. The Cu-ZnO synergy in methanol synthesis from CO_2, Part 1: Origin of active site explained by experimental studies and a sphere contact quantification model on Cu + ZnO mechanical mixtures[J]. Journal of Catalysis, 2015, 324: 41-49.

[52] Hansen P L, Wagner J B, Helveg S, et al. Atom-resolved imaging of dynamic shape changes in supported copper nanocrystals[J]. Science, 2002, 295(5562): 2053-2055.

[53] Grunwaldt J D, Molenbroek A M, Topsøe N Y, et al. In situ investigations of structural changes in Cu/ZnO catalysts[J]. Journal of Catalysis, 2000, 194(2): 452-460.

[54] Kasatkin I, Kurr P, Kniep B, et al. Role of lattice strain and defects in copper particles on the activity of $Cu/ZnO/Al_2O_3$ catalysts for methanol synthesis[J]. Angewandte Chemie (International Ed in English), 2007, 46(38): 7324-7327.

[55] Kanai Y, Watanabe T, Fujitani T, et al. The synergy between Cu and ZnO in methanol synthesis catalysts[J]. Catalysis Letters, 1996, 38(3): 157-163.

[56] Kuld S, Conradsen C, Moses P G, et al. Quantification of zinc atoms in a surface alloy on copper in an industrial-type methanol synthesis catalyst[J]. Angewandte Chemie International Edition, 2014, 53(23): 5941-5945.

[57] Spencer M S. The role of zinc oxide in Cu/ZnO catalysts for methanol synthesis and the water-gas shift reaction[J]. Topics in Catalysis, 1999, 8(3): 259-266.

[58] Spencer M S, Burch R, Golunski S E. Gas-phase transport of hydrogen atoms in methanol synthesis over copper/zinc oxide catalysts? [J]. Journal of the Chemical Society, Faraday Transactions, 1990, 86(18): 3151-3152.

[59] Dennison P R, Packer K J, Spencer M S. 1H and ^{13}C nuclear magnetic resonance investigations of the Cu/Zn/Al oxide methanol-synthesis catalyst[J]. Journal of the Chemical Society, Faraday Transactions 1: Physical Chemistry in Condensed Phases, 1989, 85(10): 3537.

[60] Spencer M S. Role of ZnO in methanol synthesis on copper catalysts[J]. Catalysis Letters, 1998, 50(1): 37-40.

［61］ Burch R, Golunski S E, Spencer M S. The role of copper and zinc oxide in methanol synthesis catalysts[J]. Journal of the Chemical Society, Faraday Transactions, 1990, 86(15): 2683-2691.

［62］ Fujitani T, Nakamura J. The chemical modification seen in the Cu/ZnO methanol synthesis catalysts[J]. Applied Catalysis A: General, 2000, 191(1/2): 111-129.

［63］ Choi Y, Futagami K, Fujitani T, et al. The role of ZnO in Cu/ZnO methanol synthesis catalysts: Morphology effect or active site model? [J]. Applied Catalysis A: General, 2001, 208(1/2): 163-167.

［64］ Jung K T, Bell A T. Effects of zirconia phase on the synthesis of methanol over zirconia-supported copper[J]. Catalysis Letters, 2002, 80(1): 63-68.

［65］ Jeong C, Suh Y W. Role of ZrO_2 in $Cu/ZnO/ZrO_2$ catalysts prepared from the precipitated Cu/Zn/Zr precursors[J]. Catalysis Today, 2016, 265: 254-263.

［66］ Wang Y H, Gao W G, Wang H, et al. Structure-activity relationships of $Cu-ZrO_2$ catalysts for CO_2 hydrogenation to methanol: Interaction effects and reaction mechanism[J]. RSC Advances, 2017, 7(14): 8709-8717.

［67］ Samson K, Śliwa M, Socha R P, et al. Influence of ZrO_2 structure and copper electronic state on activity of Cu/ZrO_2 catalysts in methanol synthesis from CO_2[J]. ACS Catalysis, 2014, 4(10): 3730-3741.

［68］ Ren H, Xu C H, Zhao H Y, et al. Methanol synthesis from CO_2 hydrogenation over $Cu/\gamma-Al_2O_3$ catalysts modified by ZnO, ZrO_2 and MgO[J]. Journal of Industrial and Engineering Chemistry, 2015, 28: 261-267.

［69］ Zhang Y L, Sun Q, Deng J F, et al. A high activity $Cu/ZnO/Al_2O_3$ catalyst for methanol synthesis: Preparation and catalytic properties[J]. Applied Catalysis A: General, 1997, 158(1/2): 105-120.

［70］ Deng J F, Sun Q, Zhang Y L, et al. A novel process for preparation of a $Cu/ZnO/Al_2O_3$ ultrafine catalyst for methanol synthesis from $CO_2 + H_2$: Comparison of various preparation methods[J]. Applied Catalysis A: General, 1996, 139(1/2): 75-85.

［71］ Sun Q, Zhang Y L, Chen H Y, et al. A novel process for the preparation of Cu/ZnO and $Cu/ZnO/Al_2O_3$ Ultrafine catalyst: structure, surface properties, and activity for methanol synthesis from $CO_2 + H_2$[J]. Journal of Catalysis, 1997, 167(1): 92-105.

［72］ Wang D J, Tao F R, Zhao H H, et al. Preparation of $Cu/ZnO/Al_2O_3$ catalyst for CO_2 hydrogenation to methanol by CO_2 assisted aging[J]. Chinese Journal of Catalysis, 2011, 32(9/

10): 1452-1456.

[73] Chen C S, Wu J H, Lai T W. Carbon dioxide hydrogenation on Cu nanoparticles[J]. The Journal of Physical Chemistry C, 2010, 114(35): 15021-15028.

[74] Fisher I A, Bell A T. In situ infrared study of methanol synthesis from H_2/CO over Cu/SiO_2 and $Cu/ZrO_2/SiO_2$[J]. Journal of Catalysis, 1998, 178(1): 153-173.

[75] Wang Z Q, Xu Z N, Zhang M J, et al. Insight into composition evolution in the synthesis of high-performance Cu/SiO_2 catalysts for CO_2 hydrogenation[J]. RSC Advances, 2016, 6(30): 25185-25190.

[76] Natesakhawat S, Lekse J W, Baltrus J P, et al. Active sites and structure-activity relationships of copper-based catalysts for carbon dioxide hydrogenation to methanol[J]. ACS Catalysis, 2012, 2(8): 1667-1676.

[77] Słoczyński J, Grabowski R, Kozłowska A, et al. Effect of Mg and Mn oxide additions on structural and adsorptive properties of $Cu/ZnO/ZrO_2$ catalysts for the methanol synthesis from CO_2[J]. Applied Catalysis A: General, 2003, 249(1): 129-138.

[78] Graciani J, Mudiyanselage K, Xu F, et al. Catalysis. Highly active copper-ceria and copper-ceria-titania catalysts for methanol synthesis from CO_2[J]. Science, 2014, 345(6196): 546-550.

[79] Zhang C, Yang H Y, Gao P, et al. Preparation and CO_2 hydrogenation catalytic properties of alumina microsphere supported Cu-based catalyst by deposition-precipitation method[J]. Journal of CO_2 Utilization, 2017, 17: 263-272.

[80] 张玉龙，王欢，邓景发. 真空冷冻干燥法制备 $CuO-ZnO-Al_2O_3$ 合成甲醇催化剂[J]. 燃料化学学报，1994，22(3): 258-263.

[81] Rasmussen P B, Kazuta M, Chorkendorff I. Synthesis of methanol from a mixture of H_2 and CO_2 on Cu(100)[J]. Surface Science, 1994, 318(3): 267-280.

[82] Sheffer G R, King T S. Differences in the promotional effect of the group IA elements on unsupported copper catalysts for carbon monoxide hydrogenation[J]. Journal of Catalysis, 1989, 116(2): 488-497.

[83] Herman R G, Klier K, Simmons G W, et al. Catalytic synthesis of methanol from CO/H_2: 1. Phase composition, electronic properties, and activities of the $Cu/ZnO/M_2O_3$ Catalysts[J]. Journal of Catalysis, 1979, 56(3): 407-429.

[84] Wang Y E, Shen Y L, Zhao Y J, et al. Insight into the balancing effect of active Cu species for hydrogenation of carbon - oxygen bonds[J]. ACS Catalysis, 2015, 5(10): 6200-6208.

［85］Toyir J, De La Piscina P R, Fierro J L G, et al. Catalytic performance for CO_2 conversion to methanol of gallium-promoted copper-based catalysts: Influence of metallic precursors［J］. Applied Catalysis B: Environmental, 2001, 34(4): 255-266.

［86］Toyir J, De La Piscina P R, Fierro J L G, et al. Highly effective conversion of CO_2 to methanol over supported and promoted copper-based catalysts: Influence of support and promoter［J］. Applied Catalysis B: Environmental, 2001, 29(3): 207-215.

［87］Wang G C, Zhao Y Z, Cai Z S, et al. Investigation of the active sites of CO_2 hydrogenation to methanol over a Cu-based catalyst by the UBI-QEP approach［J］. Surface Science, 2000, 465(1/2): 51-58.

［88］Martínez-Suárez L, Siemer N, Frenzel J, et al. Reaction network of methanol synthesis over Cu/ZnO nanocatalysts［J］. ACS Catalysis, 2015, 5(7): 4201-4218.

［89］Rodriguez J A, Liu P, Stacchiola D J, et al. Hydrogenation of CO_2 to methanol: importance of metal – oxide and metal – carbide interfaces in the activation of CO_2［J］. ACS Catalysis, 2015, 5(11): 6696-6706.

［90］Yang Y, Mei D H, Peden C H F, et al. Surface-bound intermediates in low-temperature methanol synthesis on copper: Participants and spectators［J］. ACS Catalysis, 2015, 5(12): 7328-7337.

［91］Grabow L C, Mavrikakis M. Mechanism of methanol synthesis on Cu through CO_2 and CO hydrogenation［J］. ACS Catalysis, 2011, 1(4): 365-384.

［92］Arena F, Italiano G, Barbera K, et al. Solid-state interactions, adsorption sites and functionality of Cu – ZnO/ZrO_2 catalysts in the CO_2 hydrogenation to CH_3OH［J］. Applied Catalysis A: General, 2008, 350(1): 16-23.

［93］Kim Y, Trung T S B, Yang S N, et al. Mechanism of the surface hydrogen induced conversion of CO_2 to methanol at Cu(111) step sites［J］. ACS Catalysis, 2016, 6(2): 1037-1044.

［94］Hughes R. Deactivation of catalysts［M］. London: Academic Press, 1984.

［95］Datye A K, Xu Q, Kharas K C, et al. Particle size distributions in heterogeneous catalysts: What do they tell us about the sintering mechanism? ［J］. Catalysis Today, 2006, 111(1/2): 59-67.

［96］Challa S R, Delariva A T, Hansen T W, et al. Relating rates of catalyst sintering to the disappearance of individual nanoparticles during Ostwald ripening［J］. Journal of the American Chemical Society, 2011, 133(51): 20672-20675.

［97］Hansen T W, Delariva A T, Challa S R, et al. Sintering of catalytic nanoparticles: Particle migration or Ostwald ripening? ［J］. Accounts of Chemical Research, 2013, 46(8): 1720-1730.

[98] Fujita S I, Moribe S, Kanamori Y, et al. Preparation of a coprecipitated Cu/ZnO catalyst for the methanol synthesis from CO_2: effects of the calcination and reduction conditions on the catalytic performance[J]. Applied Catalysis A: General, 2001, 207(1/2): 121-128.

[99] Chang F W, Lai S C, Roselin L S. Hydrogen production by partial oxidation of methanol over ZnO-promoted Au/Al_2O_3 catalysts[J]. Journal of Molecular Catalysis A: Chemical, 2008, 282 (1/2): 129-135.

[100] Backman L B, Rautiainen A, Lindblad M, et al. The interaction of cobalt species with alumina on Co/Al_2O_3 catalysts prepared by atomic layer deposition[J]. Applied Catalysis A: General, 2009, 360(2): 183-191.

[101] Hodge N A, Kiely C J, Whyman R, et al. Microstructural comparison of calcined and uncalcined gold/iron-oxide catalysts for low-temperature CO oxidation[J]. Catalysis Today, 2002, 72(1/2): 133-144.

[102] Wu S P, Meng S Y. Preparation of micron size copper powder with chemical reduction method [J]. Materials Letters, 2006, 60(20): 2438-2442.

[103] Liu Q M, Zhou D B, Yamamoto Y Y, et al. Effects of reaction parameters on preparation of Cu nanoparticles via aqueous solution reduction method with $NaBH_4$[J]. Transactions of Nonferrous Metals Society of China, 2012, 22(12): 2991-2996.

[104] Liu M S, Lin M C C, Tsai C Y, et al. Enhancement of thermal conductivity with Cu for nanofluids using chemical reduction method[J]. International Journal of Heat and Mass Transfer, 2006, 49(17/18): 3028-3033.

[105] 林荣会, 方亮, 郗英欣, 等. 化学还原法制备纳米铜[J]. 化学学报, 2004, 62(23): 2365-2368.

[106] Zhang Q L, Yang Z M, Ding B J, et al. Preparation of copper nanoparticles by chemical reduction method using potassium borohydride[J]. Transactions of Nonferrous Metals Society of China, 2010, 20: 240-244.

[107] Belin S, Bracey C L, Briois V, et al. CuAu/SiO_2 catalysts for the selective oxidation of propene to acrolein: The impact of catalyst preparation variables on material structure and catalytic performance[J]. Catalysis Science & Technology, 2013, 3(11): 2944-2957.

[108] Chen L C, Lin S D. The ethanol steam reforming over Cu-Ni/SiO_2 catalysts: Effect of Cu/Ni ratio[J]. Applied Catalysis B: Environmental, 2011, 106(3/4): 639-649.

[109] Yang R Q, Yu X C, Zhang Y, et al. A new method of low-temperature methanol synthesis on Cu/ZnO/Al_2O_3 catalysts from CO/CO_2/H_2[J]. Fuel, 2008, 87(4/5): 443-450.

[110] Yuan Z L, Wang L N, Wang J H, et al. Hydrogenolysis of glycerol over homogenously dispersed copper on solid base catalysts[J]. Applied Catalysis B: Environmental, 2011, 101(3/4): 431-440.

[111] Słoczyński J, Grabowski R, Olszewski P, et al. Effect of metal oxide additives on the activity and stability of Cu/ZnO/ZrO$_2$ catalysts in the synthesis of methanol from CO$_2$ and H$_2$ [J]. Applied Catalysis A: General, 2006, 310: 127-137.

[112] Bonura G, Cordaro M, Cannilla C, et al. The changing nature of the active site of Cu-Zn-Zr catalysts for the CO$_2$ hydrogenation reaction to methanol[J]. Applied Catalysis B: Environmental, 2014, 152/153: 152-161.

[113] Arena F, Italiano G, Barbera K, et al. Basic evidences for methanol-synthesis catalyst design [J]. Catalysis Today, 2009, 143(1/2): 80-85.

[114] Arena F, Mezzatesta G, Zafarana G, et al. Effects of oxide carriers on surface functionality and process performance of the Cu-ZnO system in the synthesis of methanol via CO$_2$ hydrogenation [J]. Journal of Catalysis, 2013, 300: 141-151.

[115] Arena F, Barbera K, Italiano G, et al. Synthesis, characterization and activity pattern of Cu-ZnO/ZrO$_2$ catalysts in the hydrogenation of carbon dioxide to methanol[J]. Journal of Catalysis, 2007, 249(2): 185-194.

[116] Gao P, Zhong L S, Zhang L N, et al. Yttrium oxide modified Cu/ZnO/Al$_2$O$_3$ catalysts via hydrotalcite-like precursors for CO$_2$ hydrogenation to methanol[J]. Catalysis Science & Technology, 2015, 5(9): 4365-4377.

[117] Schütte K, Meyer H, Gemel C, et al. Synthesis of Cu, Zn and Cu/Zn brass alloy nanoparticles from metal amidinate precursors in ionic liquids or propylene carbonate with relevance to methanol synthesis[J]. Nanoscale, 2014, 6(6): 3116-3126.

[118] García-Trenco A, Martínez A. A simple and efficient approach to confine Cu/ZnO methanol synthesis catalysts in the ordered mesoporous SBA-15 silica[J]. Catalysis Today, 2013, 215: 152-161.

[119] Frei E, Schaadt A, Ludwig T, et al. The influence of the precipitation/ageing temperature on a Cu/ZnO/ZrO$_2$ catalyst for methanol synthesis from H$_2$ and CO$_2$ [J]. ChemCatChem, 2014, 6 (6): 1721-1730.

[120] Batyrev E D, Van Den Heuvel J C, Beckers J, et al. The effect of the reduction temperature on the structure of Cu/ZnO/SiO$_2$ catalysts for methanol synthesis[J]. Journal of Catalysis, 2005,

229(1): 136-143.

[121] Liaw B J, Chen Y Z. Catalysis of ultrafine CuB catalyst for hydrogenation of olefinic and carbonyl groups[J]. Applied Catalysis A: General, 2000, 196(2): 199-207.

[122] Espinós J P, Morales J, Barranco A, et al. Interface effects for Cu, CuO, and Cu_2O deposited on SiO_2 and ZrO_2. XPS determination of the valence state of copper in Cu/SiO_2 and Cu/ZrO_2 catalysts[J]. The Journal of Physical Chemistry B, 2002, 106(27): 6921-6929.

[123] Dai W L, Sun Q, Deng J F, et al. XPS studies of $Cu/ZnO/Al_2O_3$ ultra-fine catalysts derived by a novel gel oxalate co-precipitation for methanol synthesis by $CO_2 + H_2$[J]. Applied Surface Science, 2001, 177(3): 172-179.

[124] Morales J, Espinos J P, Caballero A, et al. XPS study of interface and ligand effects in supported Cu_2O and CuO nanometric particles[J]. The Journal of Physical Chemistry B, 2005, 109(16): 7758-7765.

[125] Wu G D, Wang X L, Wei W, et al. Fluorine-modified Mg-Al mixed oxides: A solid base with variable basic sites and tunable basicity[J]. Applied Catalysis A: General, 2010, 377(1/2): 107-113.

[126] Pan W. Methanol synthesis activity of Cu/ZnO catalysts[J]. Journal of Catalysis, 1988, 114(2): 440-446.

[127] Rhodes M, Bell A. The effects of zirconia morphology on methanol synthesis from CO and H_2 over Cu/ZrO_2 catalysts: Part I. Steady-state studies[J]. Journal of Catalysis, 2005, 233(1): 198-209.

[128] Cao A M, Lu R W, Veser G. Stabilizing metal nanoparticles for heterogeneous catalysis[J]. Physical Chemistry Chemical Physics: PCCP, 2010, 12(41): 13499-13510.

[129] Zhu S H, Gao X Q, Zhu Y L, et al. A highly efficient and robust Cu/SiO_2 catalyst prepared by the ammonia evaporation hydrothermal method for glycerol hydrogenolysis to 1, 2-propanediol [J]. Catalysis Science & Technology, 2015, 5(2): 1169-1180.

[130] Tanaka Y, Utaka T, Kikuchi R, et al. Water gas shift reaction for the reformed fuels over Cu/MnO catalysts prepared via spinel-type oxide[J]. Journal of Catalysis, 2003, 215(2): 271-278.

[131] Jung C R, Han J, Nam S W, et al. Selective oxidation of CO over $CuO-CeO_2$ catalyst: Effect of calcination temperature[J]. Catalysis Today, 2004, 93/94/95: 183-190.

[132] Djinović P, Batista J, Pintar A. Calcination temperature and CuO loading dependence on $CuO-CeO_2$ catalyst activity for water-gas shift reaction[J]. Applied Catalysis A: General, 2008, 347

(1): 23-33.

[133] Ding T M, Tian H S, Liu J C, et al. Highly active Cu/SiO$_2$ catalysts for hydrogenation of diethyl malonate to 1, 3-propanediol[J]. Chinese Journal of Catalysis, 2016, 37(4): 484-493.

[134] Tan M W, Wang X G, Wang X X, et al. Influence of calcination temperature on textural and structural properties, reducibility, and catalytic behavior of mesoporous γ-alumina-supported Ni-Mg oxides by one-pot template-free route[J]. Journal of Catalysis, 2015, 329: 151-166.

[135] Gao P, Li F, Xiao F K, et al. Preparation and activity of Cu/Zn/Al/Zr catalysts via hydrotalcite-containing precursors for methanol synthesis from CO$_2$ hydrogenation[J]. Catalysis Science & Technology, 2012, 2(7): 1447-1454.

[136] Zhu Y F, Kong X A, Cao D B, et al. The rise of calcination temperature enhances the performance of Cu catalysts: Contributions of support[J]. ACS Catalysis, 2014, 4(10): 3675-3681.

[137] Dong X S, Li F, Zhao N, et al. CO$_2$ hydrogenation to methanol over Cu/ZnO/ZrO$_2$ catalysts prepared by precipitation-reduction method[J]. Applied Catalysis B: Environmental, 2016, 191: 8-17.

[138] Zhu S H, Gao X Q, Zhu Y L, et al. Promoting effect of boron oxide on Cu/SiO$_2$ catalyst for glycerol hydrogenolysis to 1, 2-propanediol[J]. Journal of Catalysis, 2013, 303: 70-79.

[139] Liu J, Han C H, Yang X Z, et al. Methyl formate synthesis from methanol on titania supported copper catalyst under UV irradiation at ambient condition: Performance and mechanism[J]. Journal of Catalysis, 2016, 333: 162-170.

[140] Zhang B, Zhu Y L, Ding G Q, et al. Modification of the supported Cu/SiO$_2$ catalyst by alkaline earth metals in the selective conversion of 1, 4-butanediol to γ-butyrolactone[J]. Applied Catalysis A: General, 2012, 443/444: 191-201.

[141] Dandekar A, Vannice M A. Determination of the dispersion and surface oxidation states of supported Cu catalysts[J]. Journal of Catalysis, 1998, 178(2): 621-639.

[142] Witoon T, Permsirivanich T, Donphai W, et al. CO$_2$ hydrogenation to methanol over Cu/ZnO nanocatalysts prepared via a chitosan-assisted co-precipitation method[J]. Fuel Processing Technology, 2013, 116: 72-78.

[143] Li L, Mao D S, Yu J, et al. Highly selective hydrogenation of CO$_2$ to methanol over CuO-ZnO-ZrO$_2$ catalysts prepared by a surfactant-assisted co-precipitation method[J]. Journal of Power Sources, 2015, 279: 394-404.

[144] Saito M, Fujitani T, Takeuchi M, et al. Development of copper/zinc oxide-based multicomponent catalysts for methanol synthesis from carbon dioxide and hydrogen[J]. Applied Catalysis A: General, 1996, 138(2): 311-318.

[145] Shi L, Shen W Z, Yang G H, et al. Formic acid directly assisted solid-state synthesis of metallic catalysts without further reduction: As-prepared Cu/ZnO catalysts for low-temperature methanol synthesis[J]. Journal of Catalysis, 2013, 302: 83-90.

[146] Díez-Ramírez J, Valverde J L, Sánchez P, et al. CO_2 hydrogenation to methanol at atmospheric pressure: Influence of the preparation method of Pd/ZnO catalysts[J]. Catalysis Letters, 2016, 146(2): 373-382.

[147] Dong X S, Li F, Zhao N, et al. CO_2 hydrogenation to methanol over Cu/Zn/Al/Zr catalysts prepared by liquid reduction[J]. Chinese Journal of Catalysis, 2017, 38(4): 717-725.

[148] Liu J E, Han C H, Yang X Z, et al. Methyl formate synthesis from methanol on titania supported copper catalyst under UV irradiation at ambient condition: Performance and mechanism[J]. Journal of Catalysis, 2016, 333: 162-170.

[149] Grabowska E. Selected perovskite oxides: Characterization, preparation and photocatalytic properties: a review[J]. Applied Catalysis B: Environmental, 2016, 186: 97-126.

[150] Peña M A, Fierro J L. Chemical structures and performance of perovskite oxides[J]. Chemical Reviews, 2001, 101(7): 1981-2017.

[151] Yang W S, Noh J H, Jeon N J, et al. High-performance photovoltaic perovskite layers fabricated through intramolecular exchange[J]. Science, 2015, 348(6240): 1234-1237.

[152] Bokov A A, Ye Z G. Recent progress in relaxor ferroelectrics with perovskite structure[J]. Journal of Materials Science, 2006, 41(1): 31-52.

[153] Burschka J, Pellet N, Moon S J, et al. Sequential deposition as a route to high-performance perovskite-sensitized solar cells[J]. Nature, 2013, 499(7458): 316-319.

[154] Zhan H J, Li F, Gao P, et al. Influence of element doping on La-Mn-Cu-O based perovskite precursors for methanol synthesis from CO_2/H_2 [J]. RSC Advances, 2014, 4 (90): 48888-48896.

[155] Zhan H J, Li F, Xin C L, et al. Performance of the La-Mn-Zn-Cu-O based perovskite precursors for methanol synthesis from CO_2 hydrogenation[J]. Catalysis Letters, 2015, 145(5): 1177-1185.

[156] 詹海鹃. 铜基钙钛矿型复合金属氧化物催化剂用于 CO_2 加氢合成甲醇的研究[D]. 北京：中国

科学院大学，2015.

[157] Xiao P，Zhong L Y，Zhu J J，et al. CO and soot oxidation over macroporous perovskite LaFeO$_3$ [J]. Catalysis Today，2015，258：660-667.

[158] Liu F，Zhao L，Wang H，et al. Study on the preparation of Ni-La-Ce oxide catalyst for steam reforming of ethanol［J］. International Journal of Hydrogen Energy，2014，39（20）：10454-10466.

[159] Hernández W Y，Tsampas M N，Zhao C，et al. La/Sr-based perovskites as soot oxidation catalysts for gasoline particulate filters［J］. Catalysis Today，2015，258：525-534.

[160] Xiao P，Zhu J J，Li H L，et al. Effect of textural structure on the catalytic performance of LaCoO$_3$ for CO oxidation［J］. ChemCatChem，2014，6(6)：1774-1781.

[161] Misra S K，Isber S，Dénès G. Superconductivity in non-stoichiometric and tin-substituted La$_2$CuO$_4$：Preparation，characterization，Mössbauer and microwave-absorption studies［J］. Physica C：Superconductivity and its Applications，2002，370(4)：219-227.